世界老字號的不朽傳奇

張中孚◎編著

前言

每年，美國《財富》雜誌都會甄選出世界500強企業，這些企業是國際企業界裡最閃耀的明星。然而，就像許多明星在短暫輝煌後很快被人遺忘一樣，世界500強也鮮有常青之樹。

《財富》雜誌的統計顯示，全球500強企業平均壽命均為40～50歲，而一般的跨國公司僅為約13～15歲。而美國另一權威雜誌《富比士》，於1987年報導了對美國企業1917～1987年七十年間的實證研究結果：1917年的美國100強企業，到1987年僅剩下22家公司，其中只有11家仍然保留著最初的公司名稱。由此可見，實現企業的百年發展還是一個世界性的難題。

然而，長存與發展是人類亙古不變的夢想與追求，在殘酷的統計資料和現實面前，我們仍然可以從一些長壽企業中獲得一些希望、得到一些經驗和借鏡。

這些活躍在世界舞臺上的百年明星，成就了自身的不老傳奇。它們熠熠生輝，充滿力量，雖然歷經歲月，卻依然在行業的競爭中有著絕對的優勢，

加之百年的品牌效應，想不在市場上大放異彩都難，無數有夢想的後起企業都把它當成榜樣，從各個方面去研究它、觀察它、解讀它，並希望從中獲得管理經驗、商業思維。不難看出，百年企業已經成了行業中的無價之寶。

哈佛商學院的David先生對多家全球巨頭企業的管理方法，進行了長達五年的研究，最後得出了百年老字號屹立不倒的原因，歸納起來共有兩點，一是「主動的創新」，二是「組織的適應力」。例如，創建於1902年的3M公司，有著十分強大的危機管理能力，它之所以能成功的度過發展歷程中的危險時期，正因為他們有著強大的組織適應力。

關於這些老字號，史丹佛大學商學院的教授柯林斯和薄樂斯所著的《基業常青》一書中有研究顯示，一般情況下，這些企業的歷史中都帶有以下烙印和標記：對世界有著不可磨滅的影響；元老級的CEO；已經經歷過很多次產品或服務的生命週期，基本上都是1950年以前創立起來的。

其後，又有提出「學習型組織」概念的管理學大師德赫斯，在其所著的《長壽公司》中研究了30家壽命在一百年以上的公司後，得出了這些企業管理的祕密和重點：首先，它們具有持續學習的能力，並能對周圍的環境保持敏銳的洞察力，以便適應變化，也就是說，即便外來環境急遽變化，也能泰然處之。而這些企業對外部環境和內部環境的敏感度，也是構築企業競爭優勢的前提條件之一。在員工方面，它們具有高度的認同感和凝聚力，這也是企業得以應對環境變化的重要因素。這些企業的管理者，平時的首要任務，就是讓整個集團維繫艦隊般的健全組織。雖然每艘戰艦看起來都是彼此獨立的，但其中卻有一股強大的力量聯繫著它們，並形成強而有力的戰鬥力，在競爭中給對手嚴重的打擊。

其次，則是較強的寬容力。寬容的態度代表著企業對其生存環境的理解，這是一種與其他個體建立良性關係的能力。它們在致力於提高認同感和凝聚力的同時，也為公司員工的生存提供一種寬容的環境。當公司遇到重要的轉折時，這種寬容的力量往往能夠使公司度過危機，抓住機遇發展和壯大。

最後則是這些公司普遍實行的保守財務政策。這些企業是不會輕易用自己的資本去冒險的，他們採取的方案是幾乎零負債或者保留大量的流動資金。實際上，這種財務策略與現代財務管理的基本原理大相徑庭，但它卻常常能使這些企業把握住較好的機會，並成功地應對危機，使其日常的營運保持高度的彈性。

這些學者透過對這些百年老店的研究，揭示了其成功的基本特徵，希望它能夠對後來者起了指導作用。而本書則希望將一些百年老店呈現在大家眼前，並將研究者的智慧融入其中，相信生動的案例結合權威性的商業理論，一定能帶您揭開這些傳奇老店的面紗，並給你營運的智慧和力量，為有夢想的企業家們開啟現代化管理的新思路。

引語篇：何謂老字號 012

第一篇
創業艱難百戰多——老字號之創業篇

第一章、老字號之興起
第一節、老字號的簡要盤點及發展概況 017
第二節、老字號的創業之路 020
第三節、緊跟潮流，集團重組 024

第二章、老字號如何在相同品牌中脫穎而出
第一節、優秀的文化傳承和內涵 028
第二節、強而有力的品牌定位 031
第三節、出類拔萃的品牌特色 035

第三章、老字號如何利用廣告行銷策略
第一節、「長春堂」的免費傳單廣告 039
第二節、迎合顧客心理的廣告 043
第三節、漫畫廣告現神奇 048

第二篇 孟夏草木長——老字號之發展茁壯篇

第一章、企業之夯實內功和產品致勝經

第一節、易利信——品質高於一切 055

第二節、Swatch之產品定位 060

第三節、麥德龍之經營定位 065

第二章、老字號之企業文化

第一節、易利信以人為本 073

第二節、貝塔斯曼之分權管理 077

第三節、把顧客的滿意度放在首位 082

第三章、老字號之品牌行銷術

第一節、寶僑的多品牌戰略 086

第二節、寶馬以高檔品牌為本 094

第三節、歐萊雅，獨樹一幟的品牌文化 097

第四節、豐田的聯合品牌及子品牌策略 101

第四章、老字號之核心競爭術
第一節、聯合利華之集中戰略 105
第二節、米其林之資源整合 110
第三節、雷諾之戰略聯盟 113

第三篇 梧桐搖落故園秋——老字號之衰落淘汰篇

第一章、老字號之短命鎖鏈
第一節、百年襪廠黯然謝幕 121
第二節、沃爾沃斯風光不再 125
第三節、寶麗來，無可奈何花落去 129
第二章、老字號之品牌枷鎖
第一節、倚老賣老，缺乏品牌意識 135
第二節、品牌單一，步履為艱 138
第三章、老字號之商標癥結

第一節、商標惡意搶註風波 142
第二節、註冊商標的保護和維護 145

第四章、老字號之經營理念的毒瘤
第一節、百年印刷業的失算 149
第二節、陳舊的家庭作坊式經營模式 151
第三節、不顧後果的盲目擴張 153

第四篇

嚴霜結庭蘭——老字號之艱難轉型篇

第一章、老字號之危機管理
第一節、轟然倒塌的老字號 161
第二節、防患於未然的日本佳能 167
第三節、對危機的認識和正確面對 170

第二章、老字號之持續創新
第一節、汲取精華，去其糟粕 176

第二節、技術創新，獨領風騷 185
第三節、與世界同步，眼界放寬 188

第三章、老字號之品牌重塑
第一節、加強品牌的延伸 196
第二節、品牌的「變臉」和「整容」 200
第三節、品牌國際化擴張 202

第四章、老字號之經營改革
第一節、堅持顧客導向 209
第二節、馬莎之關係行銷 213
第三節、百事，順應形勢 219

第五篇
冬至陽生春又來——老字號之新生篇

第一章、常青樹老字號是怎樣煉成的
第一節、金色拱門下的黃金法則 225

第二節、強生之「我們的信條」 231

第二章、老字號如何老樹開新花

第一節、皮爾卡登之大膽開拓 236

第二節、沃爾瑪「用專業的心，做專業的事」 239

第三章、酒香還怕巷子深，傳統與現代的聯姻

第一節、「LV」的時尚傳奇 248

第二節、「GE」的廣告變身 256

第四章、老字號永保青春之路

第一節、可口可樂的持久價值 264

第二節、解讀「家樂福模式」 278

結語篇 284

引語篇：

何謂老字號

對於很多的女人來說，擁有寶格麗的珠寶就代表著時尚與經典；對大多數男人來說，擁有一隻勞力士的手錶就象徵身分與尊榮。而這些品牌之所以被賦予了這麼多的意義，給予如此大的榮耀，正是因為它們是歷經時代變遷，存留至今的老字號品牌。

所謂老字號，就是數百年來在同類商業競爭中，經過了重重歷練，擁有世代傳承的產品、技藝或服務，統領一行至今的極品和精品。老字號企業們都是經歷了艱苦奮鬥的發跡歷程，或者浴火重生、順應歷史的品牌再造，才成為某行業的龍頭和翹楚的。它們的品牌，已經成為人們公認的品質和服務優異、信譽良好的同義詞，並逐漸成為了社會廣泛認同的品牌標誌。

比如久負盛名的路易・威登、寶格麗、勞斯萊斯、可口可樂……這些耳熟能詳的老字號，不僅是具有突出特色的商品代表，也是構成歷史的重要部分，它們滿載著人們對悠悠歲月的珍貴記憶。

無論是我們自己的老字號品牌，還是像可口可樂、通用電氣等歷史悠久的海外老字號，都在長期的生產經營活動中，沿襲和繼承著各個民族優秀的文化傳統，形成了獨特的工藝和經營特色。同時它們又有著鮮明的地域文化特徵和歷史背景，並且隨時代的變遷蛻變出了新的模樣。

儘管那些倒下的老字號令人嘆息，但更多努力生存、不斷煥發出新的活力的老字號則更令人讚嘆，它們的生命歷程，也許可以給我們許多的啟示，讓更多的企業走得更好。

1

第一篇

創業艱難百戰多——老字號之創業篇

幾乎所有的老字號企業都有一段艱苦奮鬥的發跡史。在歲月的長河裡，它們承受了風雨的洗滌和挫折的考驗。在這個過程中，它們一邊堅持一邊改變，追隨歷史的浪潮，一步一腳印地踏實前行著。這不得不讓我們自然而然的將老字號們看成一本本厚厚的年譜和記事本，因為其中記載著它們的風雨歷程和酸、甜、苦、辣。

第一章

老字號之興起

提起老字號，你就會不由自主的聯想到一塊閃閃發光的金字招牌。無論是國外的麥當勞、通用電氣、可口可樂、西門子、杜邦……還是東方的同仁堂、全聚德、大溪豆乾……這一個個耳熟能詳的名字，都是響噹噹的「老字號」。

老字號之所以叫老字號，是因為它代表著一個個蜚聲中外的傳統名牌，它們都有著上百年甚至數百年的基業。那些艱苦創業、苦心經營的輝煌歷程，塑造了一個又一個經久不衰、馳名世界的光輝形象。

第一節

老字號的簡要盤點及發展概況

老字號之所以「老」，就在於它歷史久遠。在大浪淘沙的時代裡，它們經歷了一次又一次的更迭，卻煥發出不朽的光彩。正因為有了歲月的洗滌，這些經歷了近百年甚至數百年的商號和品牌，才成了「老字號」。在今天，當我們再次一一盤點世界老字號的時候，那些金色的招牌，有的已經被摘下，有的已經蒙上了灰塵，有的已經不再光亮如初。但是也總有那麼一些承受了歲月蹉跎，依然煥發著光彩的老字號。

隕落的老字號

時間不停前行，商業經濟的面貌日新月異。那些擁有傳統技藝和悠久歷史的老字號，經得起市場經濟衝擊的已經所剩無幾。很大一部分都因為倚老賣老、體制僵化、品牌創新能力弱等原因，被淹沒在商業大浪中了。曾經輝煌一時的中國老字號「瑞蚨祥」就是一個典型的例子。由於管理經營理念的老化，最終「瑞蚨祥」這三個字變成了一個符號，只能供人回憶。

實際上，這一類的老字號很多。這些隕落的老字號雖然已經成了歷史，漸漸地已經不再被人們提起，但在它們的經歷中，仍然有許多供我們思索和汲取的經驗與教訓。隨著市場經濟的深入，人們的經濟意識越來越強了，雖然很多老字號已經在市場上消失了，但在它們歷程中蘊藏的精華，一定會在人們的腦海中結晶昇華。

慘澹經營的老字號

隨著時代的發展，人們更加珍惜和懂得老字號的品牌價值了。從某個角度來說，老字號的價值和文物的價值是一樣的，無論是沒落的還是依舊閃亮的，都有著他們巨大的經濟價值和文化價值，所以社會越來越關注老字號的發展了。如今老字號已經得到了商家和社會的保護，但是儘管如此，老字號的發展依舊沒有保障，許多老字號的企業都是慘澹經營，現況十分堪憂。

為什麼這麼強大的品牌會出現這麼難堪的局面呢？問題並不是出在人們的品牌意識上，而是出在老字號的經營方針上。與現代經營模式相比，老字號的經營模式過於老化，它們處在故步自封的狀態中，對品牌的維護力度還遠遠不夠，除此之外，還有一些管理上的問題。正因為這些問題的存在，使得許多老字號的經營狀況不樂觀。這些活生生的例子，不得不讓我們為老字號的發展感到憂慮。相信稍有品牌和經濟意識的人，都會想盡辦法關注老字號，甚至希望採取措施促進老字號的發展。

雖然這些老字號缺乏活力和新血，但它們依然頑強地存在著。正是因為有這樣的存在，我們相對的拯救方案才有的放矢。如果我們能將現代的經營模式和管理理念，與老字號品牌聯繫起來，相信它們的品牌價值將會散發出更美麗的光華。但是，如果不採取措施，任其衰老，那它們終將走向隕落，難逃沒落老字號的命運。

老而彌堅的老字號

說起有名的食物，中國有響噹噹的「全聚德」烤鴨；美國有遍地開花的麥當勞；說起鐘錶，人們會想到瑞士精工的完美製作；說起清潔用品，許多家庭至少有一樣產品是來自美國寶僑集團的；而說起年輕人喜歡的手機品牌，大概有許多人會推崇「索尼易利信」……試問，誰能想到這些看似年輕且有活力的企業和品牌，都是年已近百或已逾百的老字號呢？

這些企業就像常青樹一樣，在時代的歷練下，勇於開拓，積極創新，用現代的經營方式為自己的產品注入新的氣息和脈搏，以保持年輕的活力。它們的根是老的，深深地紮在老字號久遠文化傳承、品質保證、信譽優良的土壤裡。同時它們枝椏和花又都是新的。它們不慌不忙，隨著市場季節的變更做相對的變換。

與失敗相比，在這些企業身上，我們看到更多的是時代賦予老字號的活力、動力和新的文化與內涵。老而彌堅的力量，在市場競爭中顯得堅強而有力，時刻鼓舞著人心，讓後來的企業望其項背，並以之為榜樣。這才是這些品牌給我們帶來的財富和力量。

第二節 老字號的創業之路

老字號蘊涵著豐富的人文和歷史，積澱了厚重的經濟價值。他們獨到的經營之道、歷代相傳的工藝，還有產品品質和市場認同度都是毋庸置疑的。「一個老字號，就是一個故事，也是一段歷史。」在此，我們僅以老字號「全聚德」為例，一起來瞭解一下老字號的創業之路和發展史。

來到北京，人們常常會想起這樣一句口頭禪：「不到長城非好漢」，長城彷彿是這個國家、這座城市的地理座標和歷史象徵。其實，在民間這個口頭禪還有下半句——「不吃烤鴨真遺憾」——這裡說的烤鴨就是指北京老字號「全聚德」的烤鴨。全聚德的烤鴨也像長城一樣，享譽海內外，是烤鴨品牌中的佼佼者。在這聲名遠揚的品牌形象背後，我們看到的是一家百年老店的成長和發展。在市場經濟大潮中，競爭日趨激烈，人們的品牌意識越來越強，但口味也越來越多變，所以保住老字號的地位也就成了一個持久而艱辛的保衛戰。

烤鴨店夢想成真

1834年，全聚德的創始人楊全仁年僅15歲，因家鄉遭受水災，所以從河北逃到了北

京。他在北京的前門大街上擺了一個賣生雞、生鴨的小攤，以此維持生計。那時，他每天回家的時候都會路過當年北京城最大的烤鴨店——便宜坊，看著店裡的人潮，此後楊全仁就夢想著有朝一日也能開一家屬於自己的烤鴨店。1864年，白手發跡的楊全仁終於攢足了積蓄，頂下了一家叫德聚全的乾果店。經過改造，這家店變成了他計畫中的烤鴨店，在原店名的基礎上，他將店名改為全聚德。這也就是後來馳名世界的全聚德烤鴨店的前身。

剛起步經營時，由於全聚德是新店，人緣不廣，所以生意平淡。楊全仁深知，若想成為像便宜坊那樣的名店，不僅要有豐富的經營經驗，還要有自己的產品特色和招牌菜。因此，他不惜重金請來了曾經在宮廷做御廚的師傅。而慶幸的是，這位師傅帶來了與傳統燜爐烤鴨完全不同的掛爐烤鴨技術。用這種技術製作出的全聚德烤鴨味道鮮美、有特色，很快就贏得了廣泛的好評。

經歷滄桑　艱苦奮鬥

楊全仁辭世後，帳房先生李子明繼承了全聚德烤鴨店。為

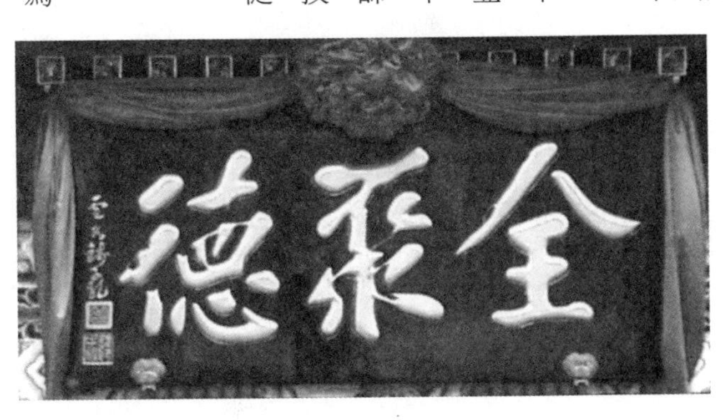

了吸引更多的客源（即市場比例），他親自到別的餐館裡去物色出色的堂頭（相當於今天的大堂領班）。他要求全聚德的堂頭能記住上一次來的客人的身分，以便下次再來時能認出，並與之寒暄。這樣做是為了給人賓至如歸的感覺，一旦客人對這個店有了好感，就會成為常客。

為了給顧客們提供品質優良的全聚德烤鴨，李先生還安排了一個員工專門為顧客選鴨服務。員工把活的鴨子拿給客人過目，並讓客人親自在鴨身上題字，以證明這隻鴨子的所屬。該舉動贏得了大批客人的讚賞。全聚德也因此聲名大振。

在人員管理上，李子明也有著嚴格的要求：每天早上六點，全聚德的員工們就要起床開工。在日常生活中也要有規有矩，不能損壞全聚德的形象。據說曾有員工偷偷的看了場低俗的花鼓戲，被發現後便被開除了。不過不要因此將李子明當成一個鐵石心腸的人，實際上他對店裡的員工們都是十分體貼的。比如有要娶親的員工，不管走多遠李子明都會親自去參加他們的婚禮，為他們慶賀，還會送上厚厚的紅包。老闆深得人心，店員們工作起來也就毫不含糊，照今天的話來說，全聚德就擁有了良好的團隊和人力資源管理方針。

好景不常，不久中日戰爭爆發，嚴重破壞了人們的日常生活，各個行業都受到了嚴重的影響，餐飲業更是如此。

經歷了戰爭的全聚德，必須重新苦心經營。為了恢復全聚德原來的面貌，在每天下午的營業低峰期，他們專向勞苦大眾推出了「低價鴨」。這樣一來，那些貧苦的人就能吃上平日只有達官貴人和資產階層才能吃到的烤鴨了。

到了三〇年代後期，全聚德烤鴨的品質已超過了老字號烤鴨店便宜坊，這一點得到了廣大顧客的公認。於是他們的生意也越來越興旺了，無形中成為了當之無愧的京師第一。

後來，老闆李子明染上了毒癮，無心經營，以致於全聚德瀕臨倒閉。幸好忠心的店員們不離不棄，勉強支撐著全聚德的生意，將老店維持了下來。事易時移，全聚德終於迎來了新時代，在傳統手工、果木烘烤的特色烤鴨的基礎上，他們不斷地開發出了全鴨席、特色菜、創新菜、名人宴等系列精品菜餚，逐漸形成了海納百川的全聚德菜品文化。終於，全聚德逐步恢復了原來的面貌並昌盛起來，成為了今天中國餐飲界當之無愧的龍頭老大。

第三節

緊跟潮流，集團重組

1993年中國北京全聚德集團有限公司成立，這意味著全聚德開始以集團公司形式進行經營，也表示一個傳統化的老字號店鋪已經發展成了現代化的企業。

公司成立後，很快發揮了老字號品牌優勢，不斷強化精品意識，實施了一系列正餐精品戰略，推陳出新，研製新的菜色。在求變求新的過程中，他們用新的經營方式，把連鎖經營、品牌擴張等新的理念融入到了市場管理策略中，逐步形成了擁有50餘家連鎖店的企業，資產總量超過7億元，無形資產價值106.34億元的全中國最大的餐飲集團之一。

但在全聚德成長的過程中，困難依然存在，行業、地域、體制等限制帶來的壓迫感越來越嚴重。全聚德必須不斷突破舊的經營理念才能保持品牌優勢。於是，他們採取了強強聯合的企業重組方式。於2003年全聚德與華天飲食集團聯合，成立了聚德華天控股有限公司；2004年他們再次與首都旅遊集團、新燕莎集團實行了戰略性重組；同年11月，中國全聚德（集團）股份有限公司成立；2005年1月，他們又同時吸納了三家京城老字號：仿膳飯莊、豐澤園飯店、四川飯店（這些都是京城的有名老字號）。企業的重組不僅僅是將物質財富集中在了一起，還將企業文化和傳統融合在了一起。團隊的力量是強大的，重組的道理亦在於此。

新集團公司的組建，按照現代企業制度要求，已經初步搭建起了完善的現代企業制度基本框架，形成了品牌化、專業化經營的「餐飲板塊」。這也使全聚德由過去的單一烤鴨品牌擴展成了多種餐飲品牌，為全聚德這塊具有古老歷史的招牌賦予了新的內涵。

記得幾十年前，一位外賓曾問起「全聚德」三個字的涵義，當時周恩來機智地回答說，這三個字是「全而無缺、聚而不散、仁德至上」的意思。他對「全聚德」這三個字的詮釋，恰好精闢地概括了這家百年老字號——全聚德一貫追求和秉承的經營思想。「全而無缺」代表了全聚德廣納魯、川、淮、粵之味，菜品多樣，品質上乘，口感一流而無缺憾；「聚而不散」意味著天下賓客在此相聚，人和而店旺；「仁德至上」則集中體現了全聚德以仁德之心真誠為賓客服務、為社會服務的企業文化和精神。這三個字，正是全聚德流傳了百年的商魂。

全聚德歷經近3個世紀的鍛造，歷經滄桑風雨，有過輝煌、也有過低落，如今已經鑄就成了馳名中外的民族品牌；並積極地適應著現代企業制度的要求，將傳統老字號轉變成了現代餐飲集團，開拓著中華民族老字號品牌的新事業。無怪乎有人說，世界上有兩隻最出名的鴨子，一隻是美國迪士尼的唐老鴨，而另一隻便是中國的全聚德烤鴨。

在全聚德的發展史上，我們能看到眾多老字號的影子：它們都敢為人先，創造性地開闢同行業中的新產品、新管理模式；也能承受或積極地接受歷史發展洪流中的跌宕起伏。大浪淘沙，終見崢嶸，這些在歲月裡洗濯過的老字號，它們的招牌顯得如此光亮，讓人在分享它們至誠至優的產品的同時，也分享了它們背後的故事。它們的文化與傳承，向人們傳遞著一種精神與感動。

專家點評：

任何一個品牌的誕生，都離不開對夢想的堅持和富有創造性的遠見。任何一個品牌的延續，都離不開苦心的經營和自身的不斷發展。老字號，正是因其獨特的經營方式和文化內蘊，得到大眾的認可與信賴，可以在數十乃至上百年的時間內長盛不衰。最初的老字號往往誕生在商鋪、服裝業、飲食業或藥鋪等與民生休戚相關的行業中，地域性色彩濃厚，深受百姓喜愛和肯定，其規模較小，主要依靠精湛的工藝、周到的服務及誠實的經營理念取得消費者的信賴。可以肯定的是，老字號在世界經濟發展史上寫下了濃墨重彩的一筆，其經營之道中有許多值得我們借鏡的地方。但是，那些在經歷了百年風雨後積澱下來的傳統品牌，如何才能在全球化的背景下，適應現代企業的遊戲規則，屹立不倒並繼續輝煌，正是我們所要思考的問題！

第二章

老字號如何在相同品牌中脫穎而出

曾有人戲言，當今的商品消費市場已經處於群雄並起的「戰國時代」了。無論是新產品、新品牌，還是老品牌的新產品，皆是層出不窮，五光十色，光是可供選擇的同類商品就已經讓人目不暇給，難以甄選了。那麼，到底什麼樣的產品和品牌才能在品牌海洋中脫穎而出呢？又如何才能成為「萬綠叢中」的「一點紅」呢？那些獨樹一幟的老字號為我們提供了不少可借鏡的因素：優秀的文化傳承和內涵；極具品牌特色的商品；與時俱進的管理思想和經營理念等。本章節我們將對一些老字號的成功要素做簡要的分析和探討。並為如何讓我們的品牌產品區別於同類產品提供一些借鏡。

第一節 優秀的文化傳承和內涵

2001年，電視連續劇《大宅門》熱播，而劇中老字號「百草廳」的原型，就是當今華人世界中依舊耳熟能詳的中藥行業老字號——同仁堂。

如果說非物質文化遺產是民族歷史的「活化石」，那麼，同仁堂則是當之無愧的中醫藥文化界的「活化石」。同仁堂的歷史已經成為了中藥歷史的重要組成部分，其皇室御醫的高貴出身，三百多年的品牌歷史，造就了同仁堂豐富的文化內涵。因此，它在國內外的華人中影響十分廣泛。這些文化底蘊是同仁堂生存發展的根基，也是其無形的資產和巨大的財富。

同仁堂的品名「同仁」二字出自《易經》，寓意深刻。古時有當仁不讓一說，仁乃立天下之根本。而「同仁」的寓意是：和同與人，應天時行，寬廣無私，無論遠近、親疏均一視同仁。從經營的角度來說，這反映了同仁堂以「仁」為核心的企業價值觀念。從品牌價值的角度來說，這又體現出了同仁堂以義取利、誠實守信、品質至上的品牌文化和思想內涵。

眾所周知，誠信和品質是市場經濟的不二法則。「濟世養生」是其一直奉行的企業理念，它包含了極具特色的文化內涵、人道精神和倫理價值。同仁堂數百年來一直秉承的「求真品，品味雖貴必不敢減物力；講堂譽，炮製雖繁必不敢省人工」的堂訓，乃是代代相傳的。這充分體現出了同仁堂工藝精湛、品質上乘、講求誠信的思想，也正是支撐著同仁堂百年不衰的關鍵所在。

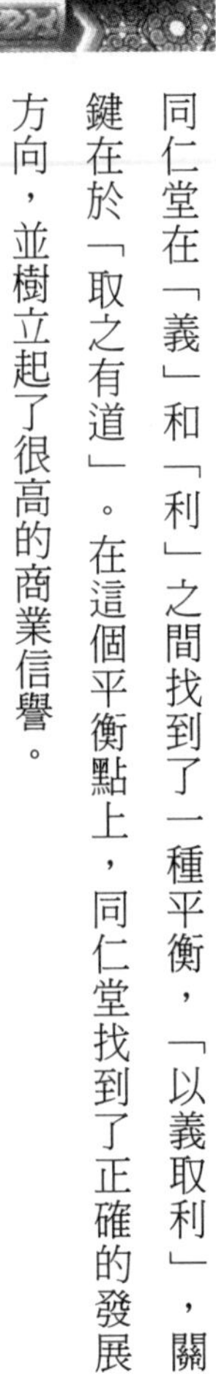

「以義取利」乃是同仁堂的經營哲學。做為商業性的盈利團體，同仁堂在「義」和「利」之間找到了一種平衡，「以義取利」，關鍵在於「取之有道」。在這個平衡點上，同仁堂找到了正確的發展方向，並樹立起了很高的商業信譽。

此外，同仁堂一直傳承並發揚著中國的養生文化，他們始終致力於研究皇家養生與大眾養生之間的關聯，以便使其融會貫通。此外，同仁堂的傳人們深知，只有民族的才是世界的，所以他們致力於推廣中醫理論和中藥文化，藉助海外華人市場逐步打開世界的大門。近年來，同仁堂集團又大力打破文化壁壘，不斷將傳統文化和現代文明進行對接，以便提升品牌價值。

中藥文化的瑰寶、歷史文化的品牌價值，在同仁堂得到了濃縮，因而產生了獨特的同仁堂文化，使同仁堂的經營具備了深厚的文化內涵和競爭力，以及與眾不同的價值品質。讓北京同仁堂這塊歷經三百多年而不衰的中國傳統醫藥的「金字招牌」，成為了中國傳統道德文化的優秀代表。

文化個性和內涵都需要堅守以及不斷地建設和提升。老字號傳統文化的特殊性，就在於它們是一種可貴的非物質文化遺產。從行銷實踐的角度上講，一流的企業就是懂得銷售文化的企業。能夠喚回老字號的歷史文化，豐富產品的傳統文化和內涵，才是致勝的根本。

第二節

強而有力的品牌定位

品牌定位是實施市場區分，將品牌積極地傳播給目標消費者，顯示其品牌價值的基本點，也是其區別於其他競爭品牌的卓越之處。品牌定位並非是指對產品本身的定位，而是指對消費者心理需求的定位。其實，除了在商場裡存在貨架以外，在消費者的腦海裡也存在著一個「貨架」。如果企業只是將貨鋪在商場的貨架上，而沒有鋪到消費者腦海中的那個「貨架」上，那麼企業是無法取得良好業績的。商場貨架的鋪貨工作完全可以由銷售人員完成，而人腦貨架的鋪貨工作則需要品牌定位來解決。

美國的老字號「百威」啤酒，長久以來被譽為「啤酒之王」，它是美國乃至世界市場上最暢銷、銷量最多的啤酒。「百威」之所以成功，除了品質首屈一指外，獨具匠心的品牌定位也立下了汗馬功勞。

安海斯．布希公司創建於1876年，它是以製造商的姓名命名的。而這位安海斯．布希正是在他岳父的啤酒廠裡釀造出了「百威」牌啤酒。

所有行業中，啤酒市場一直是個競爭十分激烈的領域，但凡策略上稍有失誤，勝利就會落入他人之手。一旦失敗，損失利益是小，失掉品牌形象是大。競爭激烈的市場，都有著它的潛規則，一旦倒下，想再爬起來就沒那麼容易了。正所謂競爭如逆水行舟，不進則退，想要保住企業的利益，就要先建立企業信譽，所以有智者就會從人心下手。

「百威」之所以能夠建立起良好的信譽，正因為他們的品牌定位成功了。「百威」深知，在啤酒業中「得年輕人者得天下」，所以，經營者們始終把目標消費者定在25～35歲的年輕人身上，這使得百威啤酒在年輕人的心目中佔了非常重要的地位。

後來，「百威」決定進軍日本。別看日本領土小，他們生活習慣性卻很強。赫赫有名的「百威」在日本登陸後，並沒有得到想像中的優待，日本的年輕人喝的最多的仍然是國產啤酒。於是，如何讓這些年輕人嘗試並認可「百威」啤酒便成為了百威公司的首要任務。

「百威」經過詳細的調查後發現，日本的年輕人每天晚上下班後，喜歡與朋友一起在外喝酒娛樂，群體消費性很強。而且相對來說，他們看電視的時間很少，所以在電視上做廣告根本就沒什麼作用。於是，「百威」選擇了大眾雜誌做為突破口。根據雜誌的性質，每一種雜誌都會鎖定一群固定的年輕讀者。於是「百威」在這些雜誌上刊登了非常具有誘惑力的廣告，在廣告的背景圖畫創意中，將「百威」啤酒與北美洲的自然氣氛融合在一起，如廣闊的大地、洶湧的海洋或無垠的荒漠，進而給這些年輕的讀者留下了深刻的印象。

就這樣，「百威」很快地打進了日本年輕人的文化陣地。在雜誌廣告大獲成功以後，「百威」接著向海報、報紙和促銷活動進軍，直到幾年後才開始用電視廣告做促銷。如今，日本年輕人早已把「百威」啤酒當成自己生活的一部分了。

「百威」啤酒的高明之處就在於：不僅讓年輕人享受了高品質的啤酒，還讓他們在心理上得到了滿足和尊重。無疑，「百威」在品牌的定位上是成功的，經營者們讓年輕人形成了這樣一種意識：「百威」是年輕人的，是這個「圈子」的一部分，它屬於我們。

若想讓自己的品牌在市場上立於不敗之地，就要為自己的品牌做好定位，而定位的關鍵就在於如何抓住消費者的心理。從某種角度上講，品牌定位就是品牌自身的紀律，有了它，品牌也就有了規範。

準確的品牌定位，能給長遠的經濟利益奠定基礎。實際上，品牌定位，就是讓自己的品牌在競爭激烈的市場上，樹立一個明確的、有別於競爭對手的、符合消費者需要的形象。這樣做的目的，就是讓自己的品牌在消費者心裡佔一個相當有利的位置。然而這個位置並非想像中那麼好佔，不僅要有詳細的策略部署，還要進行一定的市場調查。為品牌做定位是離不開市場的。

品牌的建立都是以消費者的需求為基礎而展開的，隨著社會經濟的發展，顧客在市場上可選擇的商品越來越多，從品牌到品項，可謂是琳瑯滿目，不勝枚舉，因此，想在需求環境裡生存，想要賺錢，就必須比別人做得更加優秀。

實際上，在不斷成熟的市場經濟下和國內外市場的國際化進程中，建立自己的競爭優勢，就是為品牌建立一個持續賺錢的中堅力量。除了這些外因之外，就品牌自身而言，定位也是必不可少的，沒有它，為實現品牌價值而做的後期工作就沒有標準可循。試問，散沙般的形象怎麼能給別人留下好的印象呢？人們談論某些品牌的時候，如果往往是天馬行空，漫無邊際，很容易脫離產品的真正優勢。如果消費者無法感受到你的定位，那麼你的商品在他們的心目中，就可能成為繡花枕頭，中看不中用。

所謂品牌定位，就是讓你的商品在消費者的大腦中佔據一個有價值的位置。

做為一個老字號，擁有強而有力的品牌定位是其能夠長存的重要基礎。真正的戰場不在產品中，甚至也不在市場上，而是在消費者的心裡。在進行品牌定位時，腦海中必須有一個清晰的對象，即目標消費群。確定目標消費群後，便可以描述出他們的特徵，然後藉助於消費者調查，瞭解目標消費者的消費心理和消費習慣，以現實的目光審視消費者的相關利益和需求，找到最重要的那個點，擊中他們心底最深處的那根弦。

第三節

出類拔萃的品牌特色

SONY

想必大家對日本的「SONY」品牌並不陌生。「SONY」公司的前身其實是一家很小的日本式公司——東京通信工業株式會社。1958年這家公司才正式更名為新力株式會社。現在主要經營民用電子、工業電子資訊技術產業，以及娛樂界等領域。

新力的創始人是井深大和盛田昭夫。井深大對電子技術及無線電非常的著迷。他還是學生的時候就曾以「動態霓虹燈」獲得了巴黎萬國博覽會優秀發明獎。1945年10月，二戰剛剛結束，井深大就來到了廢墟般的東京。當時的日本由於戰事不斷而百業待興，井深大和同去的七位支持者剛到東京的時候，由於資金有限只租得起破舊的幾間房屋，做些諸如修理收音機之類的工作維持生計。憑藉對電子技術的癡迷，他決心要在東京創造出屬於自己的生活。1946年5月，井深大與他的好朋友盛田昭夫用19萬日圓，創立起了東京通信工業株式會社，兩人分別擔任公司的高級總經理和董事。

經過不懈的努力，他和同去的七個人研製出了諸多電子產品。小型收音機和三束映像管就是那時研製成功的。截至到1998年底，他的三束映像管已經在全球範圍內銷出了1.8億支。

每當我們記起那些經典的老歌時，一定不會遺漏掉卡式Walkman，雖然你可能並不知道這個小小的播放器是誰發明的。有一天，盛田昭夫邀請井深大一起郊遊，當他看到井深大提著笨重的收錄音機累得氣喘吁吁的時候，就有了創造一個既便於攜帶又能隨時聽音樂的收錄音機的想法。後來，他把這個想法告訴了井深大，兩人一拍即合，隨即投入到了研究中。經過一次次縮小零件的改製，世界上第一臺「隨身聽」終於問世了。產品一上市就引起了巨大的轟動，年輕人奔走街頭競相購買。就是這個小玩意兒，在短短的幾年時間內，銷售量就超過了2.5億臺。

隨著社會的進步，數位時代來臨了，卡帶收錄音機的時代也隨之一去不復返了。但新力公司卻緊跟時代的潮流，頻頻推陳出新。1992年，新力創造了第一臺能以數位形式進行錄音的MiniDisc（MD），人們可以根據個人需求，選擇不同壓縮比率，儲存大量喜歡聽的音樂。之後，隨著MP3的風靡，SONY也在2004年打造了支援ATRAC3／ATRAC3plus格式的網路音樂隨身聽Network Walkman。

在井深大的腦海裡，科技創新永遠是擺在第一位的，他要把「SONY」打造成工程師們的樂園。正是這種技術至上、品牌為王的精神，使「SONY」在同類電子行業中始終處於佼佼者的地位。

不管是百威的經久流傳，還是「SONY」的長盛不衰，出類拔萃的優質產品和品牌特色是他們共同的立足點。這也是老字號企業們能贏得廣大消費者喜愛，能源遠流長的重要因素。提起某一領域的品牌，只有那些有特色的品牌才會散發出獨特的光澤，讓我們不能不被它們所吸引。

專家點評：

從歷史的長河中一路跋涉而來，老字號自身的傳奇色彩和文化內涵，就是一份無形的資產。要使產品獲得大眾的認同，在激烈的競爭中獨樹一幟，不僅僅要有優良的產品品質，還要有豐富的內涵。吸引消費者目光，贏得顧客對產品以及品牌的忠誠度，首先要提升企業自身的個性和文化內涵。脫穎而出，是對品牌的要求，要達到這個要求，強而有力的品牌定位和別具一格的品牌特色，缺一不可。離開了強而有力的品牌定位，就會陷入銷售盲區，無法穩固產品在市場上的佔有比例；缺乏別具一格的品牌特色，就無法維持長久的發展，使產品變成耀眼卻轉瞬即逝的流星。

第二章

老字號如何利用廣告行銷策略

廣告是為顧客提供產品資訊且誘導顧客購買產品的方式之一，廣告也是商家和市場溝通的唯一方式，它起了橋樑作用，能傳遞市場行銷的重要資訊。在發展的初期，企業即使有很好的產品，如果不注重廣告謀略，不懂得宣傳，那麼它也無法贏得顧客的青睞。許多老字號最初的成功，正是藉助於各種宣傳形式和宣傳手法，來吸引顧客，進而贏得顧客，在市場中佔有一席之地的。

第一節 「長春堂」的免費傳單廣告

清朝乾隆末年（1795年），在前門外長巷頭條有一家坐西朝東的小藥鋪，以經營人們喜歡的聞藥為主，這就是長春堂的創始老店，店主是一位山東雲遊郎中，名叫孫振蘭。

聞藥是一種極細的粉末，由鼻孔吸入體內，能達到清身、健體、治病的效果。孫振蘭很會經營，生意越做越好，並把這一基業傳給了兒子孫學奎，後來經過孫學奎的潛心經營，「長春堂」名聲漸漸傳播開來。然而，「長春堂」真正名揚四海，還是在他第3代傳人孫三明經營的時候。

孫三明是一位道士，頭腦靈活，頗懂行醫賣藥之道，他在祖業基礎上擴大經營，其聞藥獨樹一幟，名聲極響。當時北京城流傳著這樣一個順口溜：三伏天，您別慌，快買聞藥長春堂，抹進鼻子通肺腑，消暑祛火保安康。

但隨著時局的變化，中國傳統聞藥受到了日本聞藥的衝擊。大概在1914年的時候，日本商品大量湧入中國，藥品也隨之而入，其中就有祛暑的仁丹和清涼聞藥寶丹。為了招攬消費者，日本人進行了鋪天蓋地的廣告宣傳。在短短的時間內，中國大陸幾乎每個城鎮、鄉村的大街小巷上都貼滿了仁丹的宣傳廣告。這種新的經營方式很快使仁丹家喻戶曉，並迅速傳開。日本藥品的侵入使中國傳統聞藥的市場大大萎縮，「長春堂」也遭遇了從未有過的生存危機。

為了和日本藥品相抗衡，孫三明決心研製出更好的聞藥，奪回市場。一天上午，當他再次來到他經常出入的廟宇門口時，一股清風迎面吹來，其中還挾著一股淡淡的香味。孫老道如夢初醒：「我何不把佛前燒的香味融入到聞藥中呢？」於是他馬上開始行動，試圖將香條研成粉末。但是，無論他怎樣搗磨，粉末仍顯得又粗糙又乾燥。多次試驗失敗後，孫老道不得不去請教華人藥師蔡希良先生，希望能得到他的幫助，繼續研製新藥。經過多次試驗，反覆調配，他們最後終於研製成功，並將其命名為「避瘟散」。此藥一經推出，立即得到了不少顧客的追捧。

1915年，為反對喪權辱國的「21條」，全中國掀起了抵制日貨的熱潮，仁丹、寶丹的銷售受到嚴重阻礙，「避瘟散」趁勢得到了更好的發展。「五卅運動」爆發後，北京各界將近20多萬人來到天安門廣場舉行雪恥大會，「長春堂」全體店員無一遺漏的參加了該會，並散發宣傳「避瘟散」的免費傳單，贈送聞藥。這一措施使「長春堂」和「避瘟散」的名聲迅速傳開了。

1926年，孫道士去世了，去世前，他將「長春堂」的事業交給了內侄張子余經營。張子余也是一名道士，腦子活，善經營，他懂得怎樣在原有的基礎上進一步全面出擊，最終

將「長春堂」的事業推向了巔峰。

接手「長春堂」後，張子余就常常穿著道士服裝迎來送往，給人留下了深刻的印象，也使「長春堂」的業務得到了進一步的推廣。有時，為了擴大宣傳，他還乘坐八人抬轎，率領員工浩浩蕩蕩來到大街上做宣傳。一路之上，前面用鑼鼓笙簫做前導，以吸引過往的行人；後面的員工則免費大量發放避瘟散，宣傳其功效。「長春堂」之名因此得到了很好的傳播。

生意做大後，張子余又在天津、太原開設了分號，經營的藥品也隨之多樣化。到了盧溝橋事變前，避瘟散已經將日本的寶丹完全擠出了北京市場，張老道也成為了北京商界四大鉅子之一。

然而，天有不測風雲。「盧溝橋事變」後，日軍侵佔了北平。北平淪陷後，長春堂的經營也陷入困境。日本人得知長春堂資本雄厚，便再三地打它的主意，千方百計壓榨「長春堂」。他們先是限制避瘟散向各省市郵寄，接著又將張老道綁架、勒索，此後，「長春堂」又不慎失火，多年的經營差點毀於一旦。在經過接二連三的沉重打擊後，這家百年的老店一蹶不振了，直到20世紀九〇年代，長春堂藥店開始重振旗鼓，於1996年6月18日重新開業。

長春堂藥店於1795年開張營業，至今已有兩百多年的歷史，其間經歷了血與火的考驗才得以生存至今，它的成功經驗，很值得現代企業去學習和探討。拋開其他的不說，單就從他們的廣告宣傳上來看，「長春堂」的幾代領導者都費了很大的工夫，想了很多點子，發免費傳單、贈免費藥品，有的甚至親自上陣做宣傳。而正因為有了這些宣傳，他們的產品才得以賣到千家萬戶，他們的輝煌才得以照耀了兩百多年！

第二節　迎合顧客心理的廣告

有這樣一句順口溜：「頭戴馬聚源，身穿瑞蚨祥，腳蹬內聯升，腰纏四大恆。」意思是說，只有頭上戴上「馬聚源」的帽子，身上穿上「瑞蚨祥」所賣布料做成的衣服，腳上穿上「內聯升」做的鞋子，腰包裡裝上「四大恆」（四家著名錢莊的票子），才能說得上氣派。由此可見，「內聯升」的鞋在當時來說是遠近聞名的，而且是高貴的象徵。

「內聯升」創建於清咸豐三年，也就是1853年，至今已有一百五十多年的歷史，它的起步與發展，有許多獨特的地方可供我們學習和借鏡。

在清朝道光咸豐年間，一位名叫趙廷的河北小後生在京城一家鞋鋪當學徒。因為聰明能幹，他很快就學得了一手好手藝。趙廷是一個非常有上進心的人，他不甘心一輩子只做一個匠人，看到京城中許多鋪子賺了不少錢，趙廷也想開一個鞋店，但苦於囊中羞澀，只好一邊為別人工作，一邊暗中籌措資金。皇天不負苦心人，一個偶然的機會，趙廷幸運地遇到了「財神爺」丁大將軍。

一天，趙廷將大將軍訂作的鞋子送到了府上，丁大將軍看了後非常滿意。便問趙廷：「這鞋子是你做的嗎？」趙廷點點頭。「那你再為我做一雙朝靴。一定要做好，做好了定

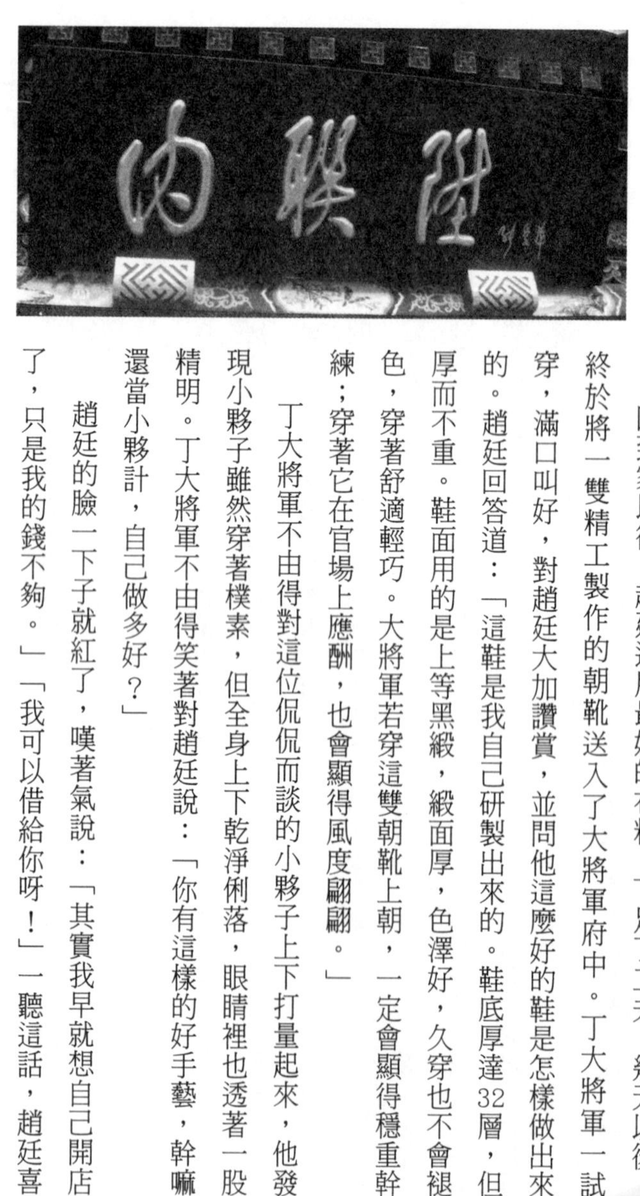

有重賞。」趙廷連忙答應下來。

回到家以後，趙廷選用最好的布料，下足了工夫，幾天以後，終於將一雙精工製作的朝靴送入了大將軍府中。丁大將軍一試穿，滿口叫好，對趙廷大加讚賞，並問他這麼好的鞋是怎樣做出來的。趙廷回答道：「這鞋是我自己研製出來的。鞋底厚達32層，但厚而不重。鞋面用的是上等黑緞，緞面厚，色澤好，久穿也不會褪色，穿著舒適輕巧。大將軍若穿這雙朝靴上朝，一定會顯得穩重幹練；穿著它在官場上應酬，也會顯得風度翩翩。」

丁大將軍不由得對這位侃侃而談的小夥子上下打量起來，他發現小夥子雖然穿著樸素，但全身上下乾淨俐落，眼睛裡也透著一股精明。丁大將軍不由得笑著對趙廷說：「你有這樣的好手藝，幹嘛還當小夥計，自己做多好？」

趙廷的臉一下子就紅了，嘆著氣說：「其實我早就想自己開店了，只是我的錢不夠。」「我可以借給你呀！」一聽這話，趙廷喜出望外，於是將自己開店的想法全部說了出來。丁大將軍聽了很感興趣，一下子資助了8,000兩白銀。

1853年冬天，鞋店建成了。趙廷認真調查了北京當時製鞋業的現狀，他發現製作朝靴的專業鞋店很少，於是他決定開個朝靴店。而且，經過四處請教，苦心思索，他最終將店名定為「內聯升」。「內」指的是「大內」，即宮廷，以此來標榜鞋店非比尋常，「聯升」含「連升3級」的意思，十分吉利，也就是說，只要穿了我店的朝靴就可步步高升。這顯然迎合了大小官員們的心理，同時，「聯升」的招牌也顯示，它的服務對象不是平民百姓，而是達官貴人。「內聯升」以「平步青雲」為幌子，將「步步高升」的吉祥祝願表現得淋漓盡致，是典型的幌子廣告。

趙廷經常去丁大將軍府中閒坐，交談中瞭解到了不少官場的內情，他將這些內情與自己的生意結合起來，想出了一個賺錢的好辦法。由於「內聯升」的鞋做得好，前來訂鞋的京城名貴漸漸地增多了，趙廷就對來者所需的尺碼、樣式、特殊腳形及其愛好都進行了詳細的登記，時間久了便彙集成了小冊子。這本冊子累積的資訊非常重要，一方面可以提高服務品質，滿足官員們的需要，另一方面，為各地進京巴結京城官員的舉人們，或為謀取外放肥缺，想盡辦法討顯貴的歡心的窮京官們提供了平臺。他們紛紛前來打聽顯貴的「足下之需」，不惜花重金訂製幾雙朝靴當成禮物，給那些達官貴人們送去。接受禮品的人見對方連自己穿多大尺寸的鞋都知道，覺得對方細心周到，自然會賞識並予以提拔。

「內聯升」賺足了王侯將相的錢，趙廷的經營思想也得到了發展。在伺候好了坐轎人以後，他開始想辦法為抬轎子的服務了，於是，「內聯升」開始製作「轎夫鞋」了。「內聯升」的「轎夫鞋」非常注重品質，用上下兩道麻線將鞋底與鞋幫緊密連結在一起，鞋面上還有兩道突出的黑色皮筋，十分堅固。這種鞋非常實惠，起初只有轎夫們穿，後來慢慢普及開來，連練武的人也喜歡上了它。習武的人穿上它，閃展騰挪，乾淨俐落，因此這種鞋出乎意料的受到廣泛的喜愛。

每採購一種新的布料，開發出新的品項，「內聯升」的老闆都要親自試穿一段時間，覺得確實舒適耐用，才允許大量生產。靠著這可靠的品質、獨特的經營方法，「內聯升」得以不斷發展。隨著時代變化，「內聯升」已將目光從達官貴人身上轉向了一般消費群，同時增加了許多新的款式，直到今天，它仍是欣欣向榮，其製作的「千層底」布鞋，馳名中外。

「內聯升」的成功，除了它有良好的品質做為後盾外，其迎合顧客心理的廣告戰略也起了重要的推動作用。比如店名的含意，正是迎合了那些大小官員們希望步步高升心理，還有那本登記著京城名貴腳形尺碼的冊子，迎合了那些一心想往上爬的人的心理。

所謂迎合顧客心理的廣告戰略，是指根據顧客不同性別、年齡、教育程度、收入水準、工作性質、個人愛好，打出迎合不同顧客需求的廣告語的廣告戰略。顧客的個人愛好總是在不知不覺中形成的，他們在購物時受到商品形象和設計的吸引，往往會感情用事，購買一些需要或感興趣的商品。一位廣告公司經理曾指出：婦女願意花20元買一瓶珍珠霜，而不願意花5元去買一塊香皂。原因就在於香皂只能保證清潔，而面霜卻能保證滋潤美容。化妝品商人所賣的，不僅是油脂，還是美麗的希望。

這種利用心理攻勢來影響顧客消費的行為，已經越來越普遍了。美國最具實力的100家廣告公司中，有2/3是應用「動機分析」來發動心理戰的。日本一家手錶廠商，生產出一種新型鐘錶，其原理構造與一般鐘錶沒有多大差別，僅僅是在記時功能上更動了一下，就是增加了一項每天準時提醒穆斯林們做祈禱的功能，結果，這種鐘錶在阿拉伯國家大為風行。還有，那些推銷房地產的人總是用這樣語言誘惑顧客：「選擇與體面人為鄰、為友……」似乎只要與體面人為鄰，便能擁有一切。

做為老字號「內聯升」，能在一百多年前就懂得運用迎合顧客心理的廣告戰略，的確令人驚嘆，不得不說它是值得現代企業學習的典範。

漫畫廣告現神奇

「吉列」，美國吉列公司生產的安全刮鬍刀、刀片，及其他修面用具產品上的品牌領袖，創建於1901年。

1903年，吉列公司在《系統》商業日報上刊登了第一則廣告。廣告較為含蓄的向外界透露了公司下一步的戰略重點，並在廣告中附上了刮鬍刀和刀片的照片，同時還配上了醒目的標題：「我們給您帶來了新刮鬍刀。」廣告中還提到，公司不久還將推出一種成本稍高但更新穎的刮鬍刀和薄型刀片。這種刀片，「即使用20次、30次也不會損壞……夾進刮鬍刀，它會更牢靠，更安全。」最後，公司還在廣告中附上了一張5美元銀字型大小刮鬍刀的訂單和一張20片裝刀片或12美元金字型大小刮鬍刀的2年期供貨單。但遺憾的是，這則廣告並沒有為公司帶來多大的訂單，這一年總共才銷售了51把刮鬍刀和168封刀片。

為了打開市場銷路，走出出師不利的行銷窘狀，吉列公司聘請了一位漫畫大師，一起設計了幾幅色彩鮮豔、構思奇特、風趣幽默的「漫畫廣告」。其中一幅是幾位男士在不同地點、不同時間刮鬍子，有坐在火車車廂裡的，有走在繁華街道上的，也有躺在席夢思床頭的。還有一幅是一對男女情侶，男的滿面鬍鬚，十分尷尬地盯著一把吉列刮鬍刀，女的似怨似嗔，一手指著她的男朋友，一手撫摸著自己的臉，那表情恰似被男友的鬍子刺痛了臉。這令人捧腹大笑、過目難忘的「漫畫廣告」，一下子使吉列安全刮鬍刀成了人見人愛、暢銷不衰的產品。

第一次世界大戰是吉列公司的轉捩點。就在戰爭對許多常規產品產生重大影響的時候，聰明的吉列經營者卻在這場戰爭中取得了巨大的利益。吉列公司以特別優惠的價格將自己的產品賣給政府，而美國政府決定給每位軍人配備一把刮鬍刀，並要求他們整潔儀容。整

個戰爭期間，吉列公司一共向軍隊供應了350萬把安全刮鬍刀和3,600萬隻刀片。那些用慣了刮鬍刀的軍人，直到戰後仍然保持著刮鬍鬚的習慣，並且仍然繼續使用吉列品牌的刮鬍刀。

第二次世界大戰時，嚐到甜頭的吉列做出了更大量向政府供應刮鬍刀的舉動，因此戰士刮鬍鬚的習慣便伴隨著戰爭傳遍了世界的各個角落，就這樣，吉列的刮鬍刀和刀片行遍天下了。一位吉列公司總經理曾說：「一戰讓戰士養成了自我剃刮的習慣，二戰則讓他們養成了每日剃刮的習慣。」

吉列公司的創始人金·坎普·吉列憑著一個絕妙單純的「漫畫廣告」和不懈的努力，最終成了一代巨富。吉列公司一直以他留鬍鬚的、稍顯嚴肅的臉譜做為商標，產品行銷世界各地，因此吉列的臉也被世人稱為「世界上最有名氣的臉」。

一幅漫畫怎麼會有如此大的魔力呢？一是漫畫形象直接，引人注目，根據現代人的閱讀習慣，大段的文章越來越不被人認可，沒有人願意在忙碌一天後再去觀看長篇大論，相較之下，精美的圖片加上少量的文字更為受用；二是漫畫能誘人興趣，能拉近產品與顧客之間的距離，誘發消費者的閱讀欲望；三是漫畫能形成記憶和差異性，能形成核心視覺記憶點，並能增強顧客對品牌的好感。以老字號肯德基為例，吸引顧客到來的正是它鋪天蓋地的漫畫廣告和牆上大幅的卡通壁畫，還有層出不窮的卡通玩具，該公司也因此獨樹一幟，生意興隆。

漫畫曾是早年廣告戰略中常用的一種手法，在照相、電視與電腦技術越來越發達的今天，似乎已漸漸被人遺忘。所以，現代的企業是不是也可以向老字號「吉列」公司學習，利用漫畫廣告讓自己的產品人見人愛、暢銷不衰呢？

專家點評：

俗話說，酒香不怕巷子深，然而，並非所有的顧客都能循跡而至，找到好的產品。如何有效利用媒介，廣而告之，把產品資訊推廣到市場中，這就需要別出心裁的創意和戰略。廣告在促銷中發揮著特殊的功效：首先，企業透過廣告把產品的特性、功能、用途等基本資訊傳遞給消費者；其次，廣告能激發和誘導消費者的消費需求，引起購買欲望；再次，透過廣告反覆加深消費者的印象，能夠增加消費者的信心，提升信任度。透過老字號的案例，我們可以看到廣告這一戰略性手法在企業行銷中發揮的重要作用。

2

第二篇

孟夏草木長——老字號之發展茁壯篇

如日中天的老字號企業在茁壯成長的發展過程中，顯示出了它們夯實的內功，也在長期的經營過程中，形成了優秀的、適合企業發展的經營、管理的制度。這些都是世界老字號得以茁壯發展的內因，也是商業活動中不受歷史時間限制的通用原則。我們將透過對一些老字號品牌經營成功祕訣的研究，找到可供現代企業借鏡的優秀經營之道，相信在挖掘老字號品牌內在致勝經的同時，我們能學到很多出乎意料的知識。

第一章

企業之夯實內功和產品致勝經

一個沒有靈魂和內涵的人，彷彿一具空殼；一個沒有夯實內功的企業，註定只能曇花一現。紮實的內功，不僅僅包括一流的產品和服務，還代表了優秀的文化底蘊和信譽。同時完美的產品致勝經就像一個得體的表達一樣，顯示出了這個品牌的優異所在。為此，我們將透過幾個老字號的成功案例，共同體會它們的靈魂和內涵。

第一節

易利信——品質高於一切

ERICSSON 

TAKING YOU FORWARD

如果要選出一個最受年輕人喜愛的手機品牌，Sony Ericsson的當選應該是毫無爭議的。Sony Ericsson以其時尚前衛的設計、活潑的配色以及個性張揚的氣質，一直以來受到眾多年輕時尚人士的熱捧。Sony Ericsson手機便是時尚的代名詞。

但如果翻閱一下新力和易利信兩家公司的歷史，你就會驚奇的發現，雖然新力已經有六十年的歷史了，但它在易利信面前卻只能算個小字輩，因為易利信已經有超過一百三十年的歷史了，是新力的兩倍多。那為何兩個「老傢伙」聯手起來卻能統治年輕人的市場呢？如今的易利信早已遍布全球140多個國家，是全球領先的提供點到點、全面通信解決方案以及專業服務的供應商，百餘年來，易利信又是如何始終專注於電信行業，不斷定義電信行業「進步」含意，並引領全球電信業技術發展與變革，永保青春的呢？

某位英國權威曾經說過這麼一段話：「斯堪地納維亞人的血液中彷

佛流淌著一種東西，擁有許多電話似乎是他們不可或缺的幸福。不管在哪裡，不管是瑞典人、挪威人、丹麥人，還是芬蘭人，只要是兩、三個斯堪地納維亞人聚在一起，他們準會馬上建起一座教堂、一個學校，還有一個電信局，然後才會想到生活的必需品。」

這段話雖然有點調侃，卻十分巧妙地點出了瑞典、乃至北歐在資訊通信領域的地位。如此遙遠的苦寒之地，令人驚訝地走出了眾多國際型大企業。而這其中就包括了在世界通信史上佔有重要地位的瑞典公司易利信。

易利信初創之時，正是歐洲列強統治世界之時。當時除了軍備力量備受推崇之外，還有兩項格外受關注的關鍵技術——能源和通信。在這個大環境的推動下，易利信所在國瑞典大肆建造鐵路，發展電報業，而此時，一位對技術產品的開發革新近乎狂熱的年輕人登上了歷史舞臺，他便是拉什·馬格納斯·易利信——易利信的創始人。

1878年底，易利信先生成功製造出了比貝爾電話質優價廉的產品。自此，電話便成為了易利信主要和長久性經營的業務。接下來，易利信在和貝爾的競標中連續獲勝，開創了易利信公司歷史上的第一段輝煌。這同時也可以看做是公司發展史上一個重要的里程碑，在之後的一百多年中，一貫重視技術革新及長遠戰略的經營理念，讓易利信始終走在通信行業的最前端，創造了一個又一個的北歐神話。

要求苛刻 品質領先

在公司發展的早期，拉什．馬格納斯．易利信先生總是對產品品質有著近乎苛刻的要求。以致於他為公司產品制訂的標準，比當時外國競爭者要高得多。而這種品質第一的觀念，也使得易利信產品標準逐漸成為整個行業的標準，同時也為易利信贏得初始階段，國內事業的飛速發展和海外業務的穩步拓展，提供了非常有利的聲譽及影響。不僅如此，易利信公司還將這種苛刻的標準貫徹到了發展的每一個環節中，並逐步建立起了「品質高於一切」的基本的經營哲學，這為其在全球範圍內的長期發展奠定了堅實的基礎。

即便易利信早已是世界最大的行動通信網路供應商；即便全球40%的行動通訊都是透過易利信的系統進行的；即便它已經取得了一系列足以令自己驕傲，令同行垂涎的成績，但易利信並沒有因此停滯不前。易利信在致力於技術創新的同時，尤其注重對研發和培訓的投入。僅以中國為例，近年來中國已成為眾多跨國公司爭先搶佔的目標市場，而易利信當屬其中的典型代表，其經營者不但積極推動業務的中國本地化，還將中國打造成了全球生產供應和技術研究的中樞之一。

社會責任與品牌行銷

對於企業是否應該承擔社會責任的問題，一直以來都存在著不小的爭論。但易利信在這個問題上的立場卻十分明確，即致力做一名有責任心的社會成員。因此經營者在其公司的商業道德和行為規範中明確提出：必須堅持誠懇求實的商業道德、堅持對社會和道義負責的態度。易利信將推動社會和人類未來的可持續發展，做為他這個特殊「公民」應盡的義務和責任。憑藉在通信技術領域的領導地位，易利信正致力於建構一個「人類全溝通世界」，令全球資源得以更優的配置和充分的利用，這也正是易利信堅持不懈的目標。

經過長期不懈的努力，公司在可持續發展和承擔企業社會責任方面，所付出的努力和取得的效益得到了國際社會的一致高度認可，獲得的榮譽不計其數。這也正符合其一貫推崇的藉助建立公益品牌來進行品牌行銷的公司理念。針對這一點，稍微翻查一下，便能找到諸多事例：無論是阿富汗重建、科索沃危機，還是在土耳其地震、越南洪水……在這些災害救助工作中，我們總是能發現易利信的身影。不僅如此，易利信還積極投身於環保、教育、科技、體育等公益事業中。這無疑使得易利信在公眾當中樹立了良好的形象，達到了「雙贏」的目的。

而與新力的「強強聯姻」則體現了其另一品牌行銷戰略——時尚行銷。手機是科技和時尚的合成體，更新換代的速度超乎尋常，所以商家必須緊跟時尚潮流。而要做到這些，就要從功能、品質及外觀等各個方面入手，需要不斷改善，不斷更新，在做到盡善盡美的同時還需要注意產品的差異化，避開密集競爭。易利信聯合新力，正好是聚其鋒芒而抑其不足，達到了時尚與功能的完美結合。

雖然Sony Ericsson手機在初創期經歷了短暫的寒冬，但因為有了很好的經營理念，所以很快就創造了一個個手機業的神話，令同行競爭者感嘆不已。Sony Ericsson的成功，再一次讓我們領略到了易利信品牌行銷戰略的精明之處，而這一巨大成功，也將成為後來者取經的對象。

swatch®

第二節 SWATCH之產品定位

舉世聞名的鐘錶王國——瑞士，一直沿用著幾百年的手工製作工藝，在工業化規模生產的衝擊下，它不但沒有被擊垮，反而煥發出了蓬勃的生機。今天手工的瑞士鐘錶已經成為了世界鐘錶的奢侈品牌，是身分和地位的象徵，更是世界上熠熠生輝的老字號品牌。

在全球製錶行業中，瑞士可算是元老，製錶業已經成為了瑞士國家的象徵。瑞士手錶在人們心中一直是精美、高雅、華貴的代名詞，是身分、地位和財富的象徵。但在上世紀七〇年代，一場風暴曾席捲了瑞士製錶業，當時，日本製錶業迅速發展，他們針對中低收入的消費者，採用數位技術，在注重於低成本製造、普及性銷售的行銷策略下，使手錶銷量激增，直接導致了瑞士製錶業的嚴重挫敗。僅1982年，兩家瑞士鐘錶製造商，擁有歐米茄品牌的SSAH公司和擁有雷達、浪琴的 ASUAG 公司，就共損失1.2億美元。

為了拯救「生命垂危」的瑞士鐘錶業，1985年，瑞士鐘錶公司的主帥

尼古拉・哈耶克和投資者收購了SSAH公司和ASUAG公司全部資產的51%，試圖結束瑞士鐘錶業分散經營的歷史，將瑞士鐘錶業變成一個大的集團軍，以便共同應敵。

Swatch集團就是由原來的瑞士鐘錶工業公司和瑞士鐘錶總公司於1983年合併而成的，並於1998年正式更名為瑞士Swatch集團，也是當今世界最大的鐘錶業集團。1999年它又兼併了著名品牌「Breguet寶璣」，擴大了自己在高檔奢侈錶中的影響。

面對日本製錶業的衝擊，從1977年起，瑞士鐘錶業就開始研製石英手錶，經過多年的研究和改進，終於於1981年定型問世。該手錶採用新型材料，重量輕，可以進行規模化生產，在降低了成本的同時，又具有計時準確、防水、防震、耐熱、耐冷等優點。這種手錶最初被命名為「Mwatch」即「大眾牌手錶」，後又改名為「Swatch」即「瑞士牌手錶」。但遺憾的是，該手錶最初投放到市場上的時候，並沒有取得令人驚喜的成果。

為了挽救瑞士鐘錶業，尼古拉・哈耶克承受壓力，毅然決然地拋棄了傳統工藝、技術、生產、資產和銷售關係，一方面嚴格進行企業管理、降低生產成本、確保產品品質；另一方面加強廣告宣傳和市場調查，在充分宣傳公司產品的同時，研究、分析時尚發展趨勢和社會需求變化。比如上世紀八〇年代初期誕生的Swatch全塑電子手錶，就迅速成為了瑞士乃至全球鐘錶業的佼佼者。如今，Swatch手錶早已不再是簡單發揮計時作用的工具，而是一種觀念、一種時尚、一種藝術和一種文化的代表，成了新生活、新潮流、新時尚、新觀念的象徵。

可以說，瑞士鐘錶業能夠從衰落重新走向輝煌，產品定位是其成功的第一步。

大膽進入低價市場

雖然瑞士的平均國民生產總值已經超過了4萬美元，可以說是世界上最富有的國家之一，但尼古拉·哈耶克仍堅持把生產低檔產品做為「永遠的基本原則」。他在對市場進行調查測試後發現，相較之下，消費者可以接受比日本、中國香港產品價格稍貴一些的瑞士錶價格。尼古拉·哈耶克發現，低價位不只是工資成本的問題，而是「管理、創新、行銷和產品的問題」，於是他改變了瑞士手錶的傳統定位，大膽進入低價市場。他將目標市場定位為18～35歲的年輕人，後來甚至擴展到崇尚年輕心態的中年人。因為這個消費群體追求個性化和時尚，但沒有錢購買高檔手錶，所以Swatch把產品描述為：跨過「經濟型」門檻，進入「風格時尚型」。

豐富產品設計理念

瑞士鐘錶公司有一句口號：「時刻把握社會需求的變化。」他們會根據顧客的需求設計

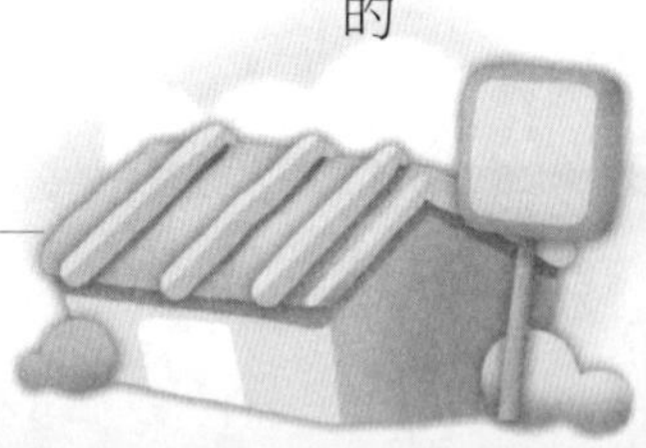

和改進產品。從針盤、時針、分針、錶帶、扣環……任何可供利用和改造的零件，他都不會放棄改進的機會。而且，Swatch的設計師還會先行一步，引導潮流，以「新」、「奇」來推動市場，吸收消費者的眼光，迎合年輕人不斷變化的消費心態。公司的設計人員每年都會完成500個設計，然後遴選出近100個款式進行生產。公司每年還會向社會公開徵集鐘錶設計圖，根據選中的圖案生產不同系列的手錶。由於公司的產品不斷翻新，迎合了社會不同層次、不同年齡、不同愛好、不同品味的需要，所以深受廣大顧客的歡迎和喜愛，銷售量年年攀升。

在1983年尼古拉．哈耶克推出新錶以前，多數人都是一輩子只用一隻錶。於是，針對這個問題，尼古拉．哈耶克為Swatch重新做了定位，將其定位為時裝錶，說服顧客在不同場合，為不同目的戴不同式樣的手錶，進而展示了Swatch做為時尚錶的獨特風采。

Swatch的手錶設計蘊含著諸多設計理念：Swatch為每一款新產品賦予了一個或浪漫或深沉的主題或概念，以此讓消費者浮想聯翩，回味無窮。為了讓產品的款式與四季的服飾搭配起來，他分春夏、秋冬兩季在市場推出新錶，以便滿足顧客對潮流的需求。而且，自1984年起，每一款Swatch手錶都有了屬於自己的名字，它們有時標新立異，有時保守，有時是方格，有時是條紋，錶帶上刻有坑槽或穿有洞孔……但無論形式怎麼改變，它們的內在都是一樣的精準，它們的價格都是一樣的低廉。

除了產品定位，Swatch在保持生產、促銷、定價，以及品牌競爭力上也進行了大膽的改革，正因為有了這一系列的改革與創新，一個危機四伏的老字號才得以突出重圍，走向新生，成為了今天的行業佼佼者。

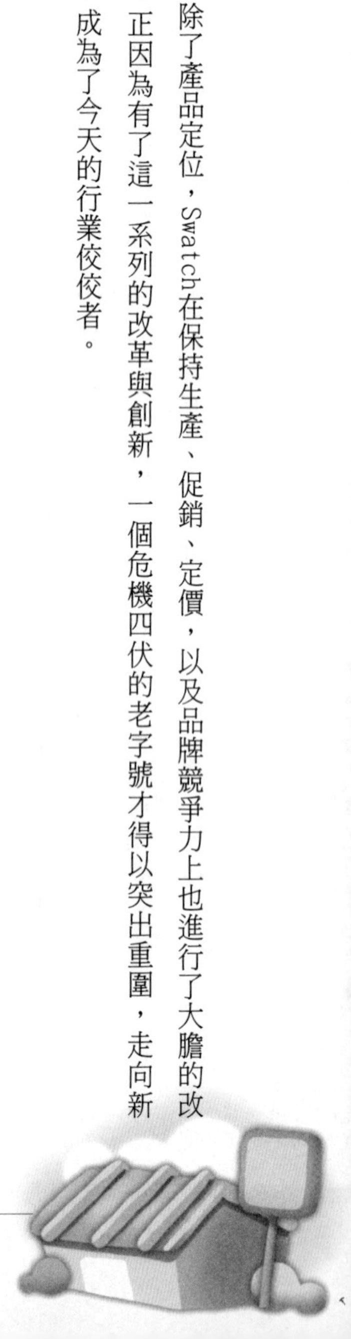

metro

第三節

麥德龍之經營定位

麥德龍集團成立於1964年，列在世界500強的前50位中，在全世界擁有20多萬名員工，為世界第3大零售商，僅居沃爾瑪、家樂福之後。

1964年，麥德龍公司的創始人奧托．拜斯海姆在德國建立了一個令人耳目一新的商場──「現購自運」商場。從商場性質上講，這種商場不屬於零售業，而屬於批發業，但與其他批發企業不同的是，顧客看上了什麼貨就可以立即提走。基於這種特色，商場實行了會員制度，購買者必須憑卡入內。也就是說，它只能為公司、企業購買服務，這樣一來就在很大程度上限制了顧客群。

經過三十年的經營後，麥德龍集團的實力越來越強，於是企業做出了擴大規模、拓展市場的重要決定。1996年，麥德龍兼併了阿斯科德國商場股份公司、考夫霍夫控股股份公司和德國SB購物股份公司，企業進入了德國20強之列。1995～1997年是麥德龍的國際年，集團開始大力開闢境外市場。兩年內國外營業額猛增了50%，國外營業額佔了集團營業額的

7.1%；1998年，麥德龍集團稅前毛利猛增了63.5%，達16億馬克，國外營業額也佔到了集團營業額的35.2%；到2003年，巨龍麥德龍公司現購自運銷售額達到536億歐元。目前麥德龍已在奧地利、比利時、保加利亞、捷克、丹麥等幾十個國家和地區設置了分店。

在市場競爭愈演愈烈的情況下，麥德龍仍能保持如此地位，實在不是件容易的事情。從經濟學的角度看來，其成功最大的關鍵就是良好的經營定位。經營定位是企業根據實際情況，塑造其產品的特殊形象，尋找其產品在商場上特定位置的方法，它在麥德龍的發展中起著舉足輕重的作用。

限定服務對象

絕大多數超市的服務對象是全體普通顧客。主要盈利管道是顧客短期內的重複購買率。一般顧客群的特點是，短期內的重複購買率高，但每次的購買量小，由此可見，一般超市的目標客戶群是比較模糊的。然而麥德龍超市的目標消費群是比較明確的，他們只針對「有限」顧客，即只對工商領域的經營者、群體消費層實行會員制。會員必須是具有法人資格的企業單位，而且這些會員都無需繳納會員費。會員在登記「客戶資料卡」後，資料將被輸入到電腦中存檔，當有購買行為產生時，系統就會自動紀錄顧客的購買情況。

麥德龍認為，限定顧客，可以減少公司的營運成本和管理難度。例如，可以在貨架上一件一件地放商品，也可以一箱一箱地放商品。假設要在貨架上擺一箱飲料，如果一件一件地放，那麼至少要放20多次。倘若一箱一箱地放，放一次就夠了。公司選擇那些願意一箱一箱購買的顧客，而不是那些一件一件購買的顧客，這樣就減少了操作成本。操作成本的減少就意味著人員成本的減少，因此麥德龍的商店不需要太多的員工。

麥德龍的資訊系統不但能反映銷售情況，而且還準確反映了顧客的需求動態和發展趨勢，根據此數據，麥德龍能即時調整商品結構和經營策略，對顧客需求的變化迅速地做出反應。比如他們可根據顧客的需求，增加他們喜歡的商品，撤去他們不需要的商品，進而優化麥德龍的商品品項。

限定顧客的經營，使麥德龍公司大大地降低了成本，使企業能將力量集中在經營最有利的市場上，進而增強企業的競爭力。

標準化管理

麥德龍公司的超市在任何一個國家裡都採取相同的建築風格，標準化的管理。這樣就能確保顧客走進任何一家麥德龍超市，感覺和接受到的服務都是一樣的。這種標準化的管理是麥德龍成為商界巨龍的一大法寶。

麥德龍超市在選址時，通常都設在城鄉結合部的高速公路或主幹道附近，這樣就有效避免了市區交通擁擠的情況，而且還節省了地價。這個決定無論從經營的角度看，還是從管理的角度來看，都是正確的。對超市而言，選址很重要，它不僅能大大降低超市的經營成本，還能給顧客們一個物美價廉的購物環境。

在超市的建築風格上，從外觀上看麥德龍倉儲式超市就像一個現代化的大倉庫，營業面積一般為15,000～20,000平方公尺，外部設有幾乎與營業面積相等的免費停車場。內部則通常採用4.5公尺高的大型貨架供貨，貨架下半部分用於商品的陳列展示，上半部分則用於相對商品的存放，這樣一來銷售和倉儲就合為一體了。

在商品定位方面，麥德龍也有著一套完善而簡潔的方案。超市內商品豐富，品項齊全，通常都在2萬種以上，食品佔40%，非食品佔60%，可滿足客戶「一站式購物」的需求。倉儲式超市擺設的商品絕大多數都是以捆綁式或整箱銷售的，除家電類、機械類產品外，很少有單件擺設展示的商品。

在動態管理方面，麥德龍的電腦控制系統掌握了商品進、銷、存的全部動態資訊，將存貨控制在最合理的範圍內。麥德龍最大的優勢就是從一開始便建立了資訊管理系統。經過幾十年的不斷改進和完善，從商品的選擇、訂貨、追加訂貨，到收貨、銷售以及收銀，每一個環節麥德龍都有先進的電腦資訊系統進行嚴格的控制。當商品數量低於安全庫存時，電腦就能自動產生訂單，向供貨單位發出訂貨通知，進而保證商品持續供應和低成本經營。

另外，在營運規則和工作流程上，例如採購、訂貨、收貨、錄用等，都必須遵守企業規定的流程。

從麥德龍的標準化管理中不難發現，商場的競爭有時就是管理標準化的競爭。在競爭日益激烈的世界市場上，麥德龍正是以標準化的管理贏得了市場，贏得了顧客。

注重關係行銷

要高效地把產品從供應商那傳送到顧客手中，需要商品訂購、存儲和配送過程的優化管理。在整個供應鏈上，不僅需要企業內部各個環節有效地完成各自的工作，更需要保證供應商與企業之間、企業與客戶之間的無縫對接。

「尋求與供應商建立長久的關係，為共同的利益合作」，這是麥德龍的核心價值觀。麥德龍採用的是中央採購的形式，這是一種雙贏的形式。它有助於降低運作成本，也便於管理，同時，供應商也能從中受惠，因為中央採購節省了供應商的運作成本。有的供應商還從麥德龍的網站上直接下載訂單，這樣一來降低訂單處理成本。為了進一步降低供應商的成本，麥德龍還為供應商提供某些管理協助，如選擇最快、最節省成本的送貨路線等。麥德龍在和供應商交易時，能嚴格遵守合約規定，按時結算，加上經營者奉行的雙贏策略，所以供應商都願以最低價位向其出售商品。

麥德龍經營定位的獨特性，是其能夠時刻保持競爭優勢的重要因素。「現購自運」是麥德龍獨創的經營理念，也是麥德龍區別於其他大型超市的最主要特徵。麥德龍採用的是「會員制」，只有申請加入並擁有「會員證」的顧客才能進場消費。麥德龍能夠這麼做，正是他們對企業「現購自運」理念的信任。為了適應市場的要求，後來的他們也允許顧客使用信用卡消費，如果有需要，也會給特殊客戶提供相關的運輸服務，但其精髓從來都沒有半點改變，那就是給專業客戶一個完美的購物解決方案。這也是麥德龍區別於家樂福、沃爾瑪的重點因素。

解析麥德龍的經營理念不難發現，其精髓就在於選擇市場中最適合自己的方法進行經營，採取和競爭者相區別的戰略，即差異性行銷。這也是老字號麥德龍公司的不老祕訣。

專家點評：

相較而言，產品定位要比市場地位更加關鍵。沒有準確的產品定位，就沒有滿足顧客需求的準確方案。也就無法進行接下來的市場定位。想在競爭中乘風破浪，就要實行合理化、標準化的企業管理。在參與市場競爭時，採取與同類廠商迥異的行銷策略、行銷方法，充分塑造和展現企業的獨特個性、獨特魅力，以差異性形成排他性和獨佔性，便可有所建樹。這樣做的好處是，贏得消費群，提高經營效率，實現自我保護。

第二章

老字號之企業文化

海爾集團首席執行長張瑞敏說：「一個企業沒有文化就等於沒有靈魂。」企業文化可以裝點企業形象，修明企業制度，塑造企業員工。適宜的企業文化，對企業的形象塑造和經營管理有積極意義。那些老字號，之所以能夠經歷幾十年甚至上百年的磨礪，正是因為他們注重企業文化的塑造。

第一節

易利信以人為本

一個企業的文化最重要的反映，就表現在對待員工方面，而易利信的用人之道則充分體現了它所堅持的價值觀。一百多年來，易利信一直堅持「專業進取、尊愛至誠、鍥而不捨」的價值觀。易利信為員工創造了寬鬆自由的環境，盡量為他們提供多樣化的成長路徑，同時提供一般公司根本無法比較的福利，因此造就了大批優秀人才。

做為一家瑞典的公司，瑞典文化自然對公司文化產生了深遠影響，而這些影響又如何表現在用人方面呢？主要體現於以下幾點：

人力資源投資方面

人對於企業的重要性不言而喻。寶僑前董事長Richard Deupree曾說：「如果你把我們公司的資金、廠房和品牌留下，把我們的人帶走，我們公司必將垮掉；相反地，如果你把我們所有的資金、廠房和品牌拿走，而把我們的人留下，十年內我們將重建一切。」而新力的創始人盛田昭夫先生則更直接地說：「人是一切活動之本。」易利信公司對於人才的重視一點也不輸寶僑和新力，易利信為所有員工提供了多方面的培訓，使員工能不斷提高管理水準和技術水準。易利信的員工大部分都有培訓的經歷，他們接受了包括管理訓練研習班、領導技能培訓在內的最先進的技術和管理培訓，而這些員工也在易利信的發展過程中做出了巨大的貢獻。

對員工「無限」包容

如果有人告訴你易利信公司在五年內僅僅辭退了3名員工，是不是很難讓人相信？但這卻是千真萬確的事實！公司鼓勵員工為企業做長期貢獻，定期對職位和個人進行能力評估，並以此為依據為員工制訂職業發展計畫。如果某個員工不太勝任當前的工作，便會為他提供培訓或者是調換職位的機會，直到其能勝任為止。而且即使是員工犯了錯，他們先追究的也是經理的責任。

公司有一條很重要的價值觀是尊愛至誠，強調的就是人人平等，員工在享受許多權利之時不存在任何的等級之分。這使得員工每天都在一種極為寬鬆、自由的環境中工作，工作效率自然高。

逐步增加工作量

工作量究竟該如何分配？沒有一個確切的答案，只能因人而異，給員工分配的工作制讓員工感到一點壓力，而不是喘不過氣來，那麼這個分配就是比較理想的。易利信公司分配給員工的工作量，並不以工作資歷或年限為標準，而是以每名員工的實際能力以及該項任務的重要程度為依據，來進行合理分配。他們通常會分配給員工工作難度比其實際能力稍高的工作，以便給員工一定的壓力和挑戰，有助於員工的能力提高。

競爭力薪酬加高福利

薪酬和福利是吸引、留住並激勵員工的重要方法，在這方面易利信將薪酬分為固定和浮動兩部分，而福利則包含了保險、休假等許多內容。影響薪酬水準主要有三個因素：

1、職位的責任及難易程度

2、員工的表現和能力

3、市場的影響

為員工提供在當地具有競爭力的薪酬，而不是領先的，這更有利於激勵員工更好地去工作。與此同時，易利信還為員工制訂了多種獎勵計畫，為激勵員工持續努力、勇於創新產生了積極影響。

古人常告誡我們要居安思危，即便處於一個十分有利的位置，依然要嚴格要求自己，不斷提升自己，警惕未來的風險，使自己長立於不敗之地。易利信便是這樣做的，長期以來，它都是電信行業的領導者，為世界通信業做出了突出的貢獻。但它並沒有因此躺在功績簿裡，而是始終如一的為世界提供高品質的產品，繼續其電信歷史一百多年來的代言人身分。而它所宣導的企業文化，也得到了越來越多的認可，尤其是建立公益品牌的戰略讓更多人認識了易利信，喜歡上了易利信。以此可以說易利信雖老，卻老而彌堅！

BERTELSMANN
media worldwide

第二節

貝塔斯曼之分權管理

從一個家族式印刷企業成長成叱咤風雲的全球6大傳媒集團之一，貝塔斯曼只花了短短的二十幾年。如今，貝塔斯曼的業務範圍已涵蓋圖書、報刊、電視、電臺、影視、音樂、專業資訊、印刷與媒體、電子商務、存儲媒體產品、數位版權管理等多個領域。此外，貝塔斯曼還在內容創新、客戶管理和鉅額投資等方面做出了傲人的業績。2004年1月，英國《金融時報》曾做過「全球最受尊敬的公司」的調查，結果顯示，貝塔斯曼是全球最受尊敬的公司之一，在「傳媒和娛樂公司」的排名中，貝塔斯曼名列第5。目前，貝塔斯曼集團是全球第1的圖書出版商；歐洲第1、世界第2的雜誌出版商；全球第1的音樂產品零售商；旗下電視業務雄踞歐洲第1；網際網路業務居全球第2。

真正使貝塔斯曼從一個中等規模的家族式印刷出版企業，逐步發展成世界級傳媒巨人的，是其第5代傳人海因里希・摩恩的兒子萊恩哈德・摩恩。萊恩哈德・摩恩在經營中逐漸總結出了一些經營理念，並樹立了沿用至今的企業文化：分權管理、權責分明、自由創新、遵守公司規章制度——這些理念被譽為「貝塔斯曼模式」。也正是因為這些模式，使貝塔斯曼集團在一百多年以來始終立於不敗之地。

用人不疑，疑人不用

貝塔斯曼可能是全世界最注重授權的企業。權力下放也是貝塔斯曼成功的關鍵因素之一。早在1959年，萊恩哈德．摩恩就倡導了分權管理結構，成立了獨立利潤中心。如今，從貝塔斯曼的組織管理結構看，貝塔斯曼集團的6大業務集團，每一個都是做為獨立公司進行管理的。每個主要的單位都有自己的董事會，這就轉移了集團高級管理層的大部分管理負擔。

分權的同時就意味著授權。為了在實踐中發揮更好的分權管理作用，貝塔斯曼總結出一個有關授權的公式：高度的授權＝高度的信任＋高度的績效＋高度的風險。

而在貝塔斯曼，授權就意味著信任，高度的授權需要領導付出高度的信任。信任的程度會因人而異，因事而異，會根據經驗、職務、能力及可信任的程度來授權，絕不會盲目授權和信任，不搞「排排坐」。剛開始，領導者會給下屬2分權，過一段時間再給他5分權，最後逐步過渡到10分權。信任是需要時間來相互培養的，盲目的授權，可能會把不具備這個能力的員工壓垮，以致於給企業造成不必要的損失。

風險管理，制度監控

高度的授權和信任，同時也意味著高度的風險。那麼應如何最大限度的激發下屬的工作熱情，又能控制風險呢？貝塔斯曼認為，良好的制度監控是消除授權風險的關鍵。

1．彙報制度

貝塔斯曼有一個非常全面和透明的報告體系，企業的日常彙報包括日報表、週報表、月報表等等。日報表包括各種業績資料，甚至把各方面的月度預算，比如銷售預算、倉庫營運等，分配到每一天，然後與每天的銷售情況做比對，進而隨時瞭解實際與目標之間的差距；週報表包括盈利分析、各功能塊的深度分析等，一些日常出現的問題及其原因也要在週報表裡體現出來；月報表則是對整個營業狀況做的一個彙總。

2．指標監控

在貝塔斯曼公司，每一個部門都有描述工作特徵的關鍵指標。貝塔斯曼的一個高級經理都會有四、五個大的關鍵指標，然後這些指標又被各自分解成四、五個小指標派給手下的主管，這些關鍵指標在控制營運中起著重要作用。而且，這些關鍵指標回饋的速度也非常快。在貝塔斯曼，領導者會每週觀察一次指標的變動，即時分析，一週就可以看到結果。

3．橫向監督

貝塔斯曼設置了兩個橫向的監督體系，即財務權力的監督和人事權力的監督。部門經理擁有一定的自主權，同時也要接受財務制度的約束。人事方面，對於績效長期不佳的部門，其領導者會把他調整到二線或者三線的位置上，因此，以提高績效為宗旨的授權管理，並沒有讓經理們在感到自由的同時膽敢懈怠，反而感到擔子更重了。

內部提拔，梯隊培訓

在貝塔斯曼，對一個經理來說，更重要的是對人的不斷判斷和評估。授權要求各層經理承擔起更大的責任，必須充分瞭解他們，並大量培訓以提高其技能。貝塔斯曼會透過性向測試，來瞭解每位經理的潛力所在。貝塔斯曼也會透過一些臨時項目來觀察比較出眾的人。

授權的關鍵首先是要找對人，讓正確的人做正確的事。而找人的方向，貝塔斯曼傾向於在企業內部自行培養。貝塔斯曼認為，內部提拔的經理對公司的營運和文化瞭解得比較多，所以工作起來比較容易上手。當然有時他們也從外部招募經理，但主要是在發展新業務，需要藉助特殊的外部資源的時候。因此，目前貝塔斯曼的高層管理者幾乎全部是從公司內部提拔上來的。

為了避免公司花很大精力培養的高級人才突然離職，給公司造成後繼無人的局面，貝塔斯曼執行的是全方位的培訓，以建立起比較保險的組織架構。貝塔斯曼要求各高層管理者要花精力去培養與其層次相當的管理者，同時強調第二甚至第三梯隊的建設，要求每位部門經理都要培養一個能夠完全接替自己工作的人。

貝塔斯曼每年都要對員工進行一次提拔，對提拔的標準，貝塔斯曼強調誠實、信用、開放，並且容易被激勵。這樣的人不管在哪些方面有問題，都可以靠培訓來提高其技能。

萊恩哈德．摩恩的信念是：為員工制訂明確的目標，除此之外，他們是完全自由的。授權讓部門經理獲得行動自由，也讓總經理從瑣事中解脫了出來，以便更加專注於重大目標的選擇和界定。貝塔斯曼的高層經理的工作職責，首先是定義戰略目標，然後是找來正確的人把責任分派下去，以便給他們充分的自由去選擇執行方式，而他只控制最終的結果。這種長期形成的企業文化充分激發了公司的人力資本。

貝塔斯曼在將分權管理策略發揮到極致的同時，也深知，如果只強調分而治之，那麼各子集團、分公司、各部門、每個員工就會各自為政，無法產生合力使整個集團發展壯大。所以，在貝塔斯曼的企業文化中還有重要的一條與分權管理相得益彰，那就是合作致勝，這也是老字號貝塔斯曼的成功之道。

第三節

把顧客的滿意度放在首位

「全錄」是老字號美國全錄公司用於生產影印機產品的品牌。美國全錄公司的前身是1906年創建於美國的哈羅依德公司，1961年改名為全錄公司。約瑟夫·威爾遜是「全錄」的第一任首席執行長，從1945年到1968年他一直是「全錄」的總裁，在他的領導下，「全錄」迅速由一家名不見經傳的小公司躋身到美國最大的企業中。

「全錄」的經營宗旨是「把顧客的滿意度放在首位」。威爾遜在1964年說過：「從長遠看，用戶將決定我們是否有工作做。他們對我們的態度，將成為我們是否能夠成功的決定因素。每個全錄人都必須明白，你們最重要的責任是為用戶服務。」這句話做為企業文化的重要體現和經營理念，不厭其煩地出現在每一位新進員工的培訓精要裡。

威爾遜曾說過，「全錄」成功的祕訣就在於「全錄是出售品質和服務的公司」。雖然很多企業都在標榜品質至上，但真正能像「全錄」這樣，為了技術投入不惜血本的企業，實在是寥若星辰。1945

年，威爾遜接任公司總裁後，果斷地買下了曾被許多大公司拒絕的電子照相技術，並願意每年支付2.5萬美元的研究費用，加上未來電子攝影術營業收入的8%做為交換。1956年，公司又購買了4項改良電子照相技術的專利。在1941到1960年間，全錄在電子照相研究上的投資相當於營業利潤的2倍，然而，對技術鉅額的投資獲得的成效就是使他們掌握了眾多專利。1953年，「全錄」就拿到了10項有關電子照相術的專利，到1966年，則達到了500項。如今，「全錄」和「富士全錄」一年用於研究和開發的投資接近20億美元，在全球已有6,000名以上的研究和工程技術人員。「全錄」對專利的熱愛證明了其在技術研究和產品開發方面無可置疑的優勢和實力。

除了技術方面的投入，「全錄」也十分注重產品的開發與創新，「全錄」在成功地推出「全錄914影印機」後，仍努力研究替代品。1966年，「全錄」將5億美元收入中的4,000萬用於新產品的研究。不久，「全錄2400」就再次震驚世界，隨後「全錄」開發的靜電氣法，又獲得了顧客的青睞。

不間斷的技術投入與創新，使「全錄」的產品品質有口皆碑。從1980年始，「全錄」在美國、法國、日本、加拿大、墨西哥、澳大利亞等20個國家獲得了25個國家品質大獎，其中包括世界上最高級別的3項品質獎項：美國國家品質大獎、歐洲品質大獎和日本最高品質大獎——戴明獎。品質超群的產品「全錄」引來了極高的聲譽，「全錄」幾乎與複印成了同義詞。

大家都知道，一個企業要想茁壯成長，就離不開知名度、滿意度、忠誠度的建立和維護。顧客滿意就是顧客對企業、產品、服務和員工的認可。如果顧客對企業的產品和服務感到滿意，他們會將自己的消費感受透過口碑傳播給其他顧客，這樣就會進一步擴大產品的知名度，提高企業的形象，進而使企業能夠獲得長期的盈利與發展。

美國全錄公司「把顧客的滿意度放在首位」的經營理念，充分說明了全錄公司有著崇高的職業道德風範和遠見卓識的企業理念，這也是它之所以能在競爭激烈的市場上佔有一席之地的「尚方寶劍」。

專家點評：

缺乏紮實的內功基礎，再好的武功招式也只能發揮出有限的力量，成為花拳繡腿。開辦企業亦是如此，需要由內到外，理順生產經營脈絡，用高效穩定、堅實可靠的企業經營管理、產品生產和開發來支援市場的開拓和產品的行銷。企業間的競爭一直都是綜合實力的競爭。只有真正把顧客的需求、產品的品質放到第一位，精益求精，不斷追求進取，同時注意提高經營管理效率，凝聚員工的向心力，提升企業文化，力求企業整體的進步和成長，才能在激烈的競爭中站穩腳跟。

第三章

老字號之品牌行銷術

大衛．艾克是廣告史上的偉大人物，他在《建立強勢品牌》一書中說，品牌是一個「精神的盒子」，是給擁有者帶來溢價、產生增值的一種無形資產。品牌是產品在消費者心目中的烙印，烙印是美好還是醜陋，是深還是淺，就是品牌力量強弱的外在表現，正可顯示出了商家品牌資產的多寡和品牌價值的高低。

好的產品和品牌的建立與存在，並不代表它就佔領了市場，也不代表它已經贏得了消費者。品牌的行銷和推廣，是一門學問，且看老字號是如何玩轉這門學問，贏得市場的。

第一節

寶僑的多品牌戰略

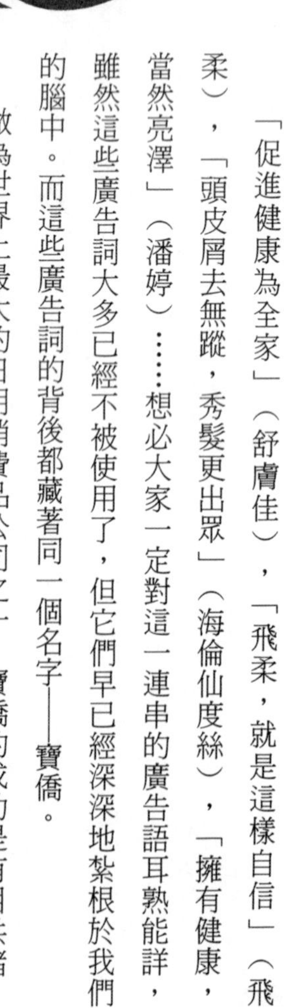

「促進健康為全家」（舒膚佳），「飛柔，就是這樣自信」（飛柔），「頭皮屑去無蹤，秀髮更出眾」（海倫仙度絲），「擁有健康，當然亮澤」（潘婷）……想必大家一定對這一連串的廣告語耳熟能詳，雖然這些廣告詞大多已經不被使用了，但它們早已經深深地紮根於我們的腦中。而這些廣告詞的背後都藏著同一個名字——寶僑。

做為世界上最大的日用消費品公司之一，寶僑的成功是有目共睹，也令人羨慕的。它在全球80多個國家設有工廠和分公司，員工近10萬。而它所經營的包括美容美髮、家居護理、健康護理、食品和飲料等在內的300多個品牌產品，也暢銷全世界。如此一家「老字號」，尤其是它最為成功的廣告策略，確實值得在世的企業將其做為「標杆」。

如果光靠直覺評選哪家公司廣告最多的話，我想多數人會選寶僑；而如果評選經典廣告語最多的公司，寶僑當選更是毋庸置疑。寶僑公司的成功經營自然離不開它「發現趨勢，然後領導趨勢」的經營理念，但更重要的則是它極其成功的廣告策略。透過鋪天蓋地的廣告，寶僑向大眾傳達了一種品質、一種信心，而大眾也以實際行動表達出了他們對這家擁有一百七十多年歷史的「超級老字號」的無比信賴。

細分市場百步穿楊

經常去超市的人都知道，寶僑的每一類產品都有許多種不同的品牌，熟悉的洗髮精就有海倫仙度絲、潘婷、飛柔、沙宣等，牙膏也有包含佳潔士在內的4種。如果我們再仔細點觀察就會發現，寶僑還有3種紙巾、3種地板清潔劑、8種香皂，而洗衣粉的品牌更是多達9種。這些不同品牌的產品同時銷售，相互競爭，乍看起來確實有點不可思議。

但寶僑為什麼會在同一類產品中，推出多個品牌，讓它們之間打「內戰」，而不是集中兵力搞大統一呢？答案就在於不同的消費者對產品有不同的要求。而寶僑也非常善於抓住消費者不同的需求特徵，生產出不同產品來滿足消費者需求。就以9種不同品牌的洗衣粉為例說說寶僑的品牌特點吧！它們各有所長：汰漬（Tide）的洗滌能力強，適用於大量洗衣工作，是一種典型的家用洗衣粉；象牙雪（Ivorysnow）鹼性較溫和，對嬰兒的各類衣服而言更適宜；奧克多（Oxydol）中含漂白劑，洗完後白衣更白，花色衣物更豔。

寶僑的這種差異性市場行銷策略，雖然會增加一定的生產成本和行銷費用，但它在擴大產品總銷量，提高市場佔有率方面所帶來的好處，就能輕鬆彌補以上缺陷。多品牌戰略能夠滿足不同消費者的需求，產生品牌規模效應，使疊加之後的品牌更具吸引力。

寶僑在中國洗髮精市場所取得的成功則是很好的例證。在進入中國洗髮精市場前，寶僑首先對整個中國市場做了詳細的調查，將其劃分為高、中、低三檔。同時每一檔又根據不同標準劃分出更細的細分市場：如根據人口分為都市、市郊和鄉村；根據消費者不同髮質和偏好劃分出各種不同功效市場等。在寶僑剛開始進入時，中國市場還是各類中、低檔洗髮精的天下，但此時的中國正處於第二次經濟發展的高潮，人們的生活水準正不斷提高，觀念也在逐漸地轉變之中。在經過了詳細的市場調查和分析之後，寶僑對中國市場有了大概的瞭解，並對消費者有了較為準確的把握，因此此時進入中國的寶僑，恰好給中國消費者帶來了一種全新的理念。

寶僑並非一進入中國市場就採用了多品牌的差異性行銷戰略。實際上，他們先採用的是集中市場的行銷戰略。這種戰略可以說步步為營，首先力求的是在中國市場站穩腳跟，然後再慢慢轉為差異性戰略。

經過十幾年的發展，寶僑已通過了「一品多牌」策略的驗證，確定了其在消費者心目中的品牌形象，鞏固了它的市場領導地位。同時他們還積極地透過各種途徑，培養消費者對寶僑品牌的偏好，提高消費者的忠誠度，使得越來越多的人選擇寶僑，信賴寶僑。

再回過頭來看看寶僑各種洗髮精的具體市場定位，就不難理解寶僑的成功了。寶僑曾先後推出了「海倫仙度絲」、「飛柔」、「潘婷」以及「沙宣」，在將它們定位於「呵護秀髮專家」的同時，又分別突出其「個性」。「海倫仙度絲」賴以成名的是它的去頭皮屑功能，「飛柔」則主打使頭髮光滑柔順，而「潘婷」突出其對頭髮的營養保健，最時尚個性的「沙宣」給消費者帶來了美髮定型印象。不僅如此，各個品牌更有各類不同的產品，以海倫仙度絲為例，就有含天然薄荷的怡神舒爽型、含草本精華的滋養護理型，以及潔淨呵護型等。不同產品分別滿足了不同消費者的需求，自然能夠得到消費者的青睞，由此帶來的最直接效果就是寶僑的市場比例增大和地位的提升。

品牌形象從取名開始

俗話有云：「一個好名字是成功的開始。」寶僑對品牌的命名可謂相當的講究，寶僑的英文原名是Procter and Gamble，翻譯成中文後不僅讓人完全感覺不到這是一家「洋」公司，反而中國味十足，這一點要比那些明明是中國產品，還硬要取一個「洋名」的品牌可親得多。

利用「品牌命名術」攻入市場的寶僑公司，所做的還遠不只這些。為了最大化地減小消費者認知的阻力，激發消費者美好的聯想，並提高消費者對產品的親和力及信賴感，寶僑非常細緻地為在中國市場銷售的產品，選擇了適合該產品的英文名字，然後再取了一個與英文名字，即在意義和發音方面都很協調的中文名字。最後取出來的中文名字便能準確地突出該產品的特點和品牌形象。如飛柔（Rejoice）、舒膚佳（Safeguard）、歐蕾（Olay）、沙宣（Sassoon）等均是取名的成功範例。

但一個好名字最多也只能算成功了一半，接下來的工作依然很重要。這時候廣告宣傳就體現出了其強大的威力。在廣告宣傳上，一向不惜重金的寶僑公司，每年的廣告宣傳費佔全年銷售額的八分之一，如此巨大的開銷使得電視、雜誌上處處可見寶僑的商標。與此同時，寶僑還採用與美國本土完全不同的廣告策略，聘請了許多明星坐陣。因為在中國，

寶僑公司的這些產品屬於中、高檔日用品，消費人群集中在16～40歲，這類人群對產品品質的要求較高並有品牌崇尚癖，更重要的是，與其他人群相比，他們受明星的影響更大，因此在中國採用明星廣告也算是一種靈活變通的行銷方法。而且一般情況下，只要明星廣告運用恰當，效果還是十分顯著的。

除此之外，寶僑還積極投身於公益事業，多年來一直以實際行動向人們詮釋著「取之社會、回饋社會」的理念。先

拋開寶僑在公益事業中的一連串數字，僅從寶僑提出的「從我做起，攜手商業夥伴，感召消費者，幫助需要幫助的兒童學習、生活、成長」的宣言中，我們能感受到寶僑的一片真誠。只要商業夥伴願意向希望工程捐款，寶僑就會提供相對數額的資金，與之共建希望小學，而且只要消費者在捐款銷售活動期間購買任一寶僑產品，寶僑便會拿出部分利潤代消費者向希望工程捐贈，再加上寶僑在中學設立獎學金的行為，大大提高了寶僑公司在中學學生中的形象，為寶僑招募到更多優秀人才提供了更好的保證；積極與相關部門聯手主辦各類公益活動，也有助於提高其品牌的認知度和美譽度。

得農村者得天下

在中國大陸，農業人口佔全國人口的2/3，9億多的農村人口所蘊含的消費力絕對值得每一家企業為此展開生死肉搏，而做為日用品行業的領導者，寶僑也絕不會輕易放過這樣的機會。

寶僑的「農村道路」其實由來已久，從上世紀九〇年代初便已開始。而後持續幾年的「寶僑與您面對面」、P&G road show（寶僑路演）專案，以更大的力度，透過真實的大規模產品演示，向廣大農村消費者宣傳了他們的產品，讓更多人認識寶僑，並逐漸在農村市場打下了較為堅實的基礎。

但農村市場的一些特點，依然值得寶僑注意，比如大多數農村消費者都堅持「能用就行」的實用主義，所以他們普遍傾向於購買價格低廉的產品。而且他們對各種比較特別的功能，也沒有很瞭解，例如洗衣粉，他們認為只要能洗乾淨就行，對諸如增白、清香等各類功能幾乎沒有太多要求。還有一個不能忽視的現狀就是，由於多數農村還沒有真正富裕起來，雖然收入水準與以前相比已經有了很大的改善，但長期養成的節儉習慣，使他們仍然保持著十分謹慎的花錢方式。例如一塊舒膚佳的香皂售價一般4～5元，但農村消費者以前長期使用的香皂價格大約只有舒膚佳的一半，類似的價格問題在寶僑的其他產品上也同樣存在。要想短期內讓他們花雙倍的價格來購買寶僑的產品，難度之大可想而知。

雖然在開拓農村市場方面遇到了諸多難題，但透過長期實踐，寶僑依舊找到了突破口——鄉村的小店店主。寶僑發現，各鄉村的小店店主在當地扮演著「示範性」的角色，因此他們制訂了許多與各店主打好關係的具體做法，甚至包括了瞭解店主及其家人的興趣、愛好、生日等。後來寶僑還專門製作了「小店店主百事通」手冊，教店主如何用銷售寶僑產品來賺錢，如此細心的關懷，店主們當然十分樂意和寶僑合作了。打開了小店店主這樣的突破口，就好比搭建起了一個穩固的、可依賴的平臺，那麼接下來的工作就可以像例行公事一樣去做了。自此，寶僑開始領跑中國農村的清潔用品市場，而像飛柔、海倫仙度絲、舒膚佳、佳潔士、汰漬等一系列家喻戶曉的品牌，幾乎成了該行業產品的代名詞。

無論白貓、黑貓，能抓到老鼠就是好貓。傳統的戰略方式告訴我們，要集中兵力出擊，切忌兵力分散，多頭出擊，而內部鬥爭更是兵家之大忌。但要取得常人難以企及的成績，很多時候需要更大的勇氣去突破傳統，寶僑正是憑藉它多品牌、多個性的戰略，成功統治了市場。透過考慮市場本身的多元化、消費者不同的需求和偏好，寶僑不僅努力滿足了所有消費者的共同需求，還盡力滿足不同消費者的獨特需求。而透過良好的市場劃分，各個品牌之間並未出現內鬥，反而形成了品牌規模效應，讓寶僑在消費者心中的地位越來越穩固了。

雖然經歷了一百七十多年的歷史，但寶僑從未停止其前進的腳步，寶僑依然在努力尋找新的細分市場，開發新的市場。可以預見，未來我們還能見到更多印有「人面月亮」的新產品。

第二節

寶馬以高檔品牌為本

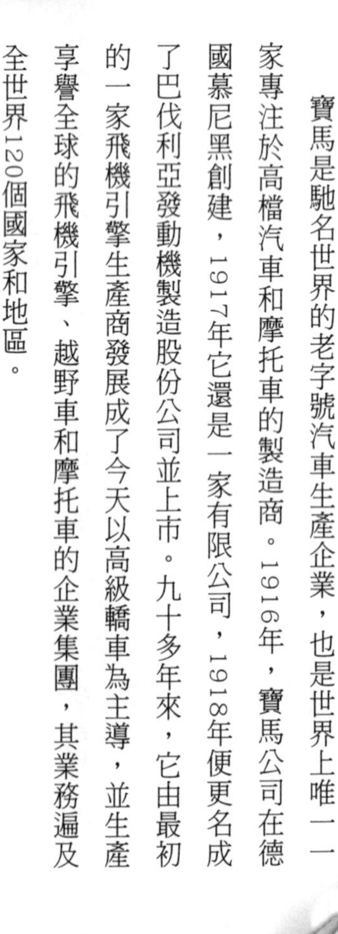

寶馬是馳名世界的老字號汽車生產企業，也是世界上唯一一家專注於高檔汽車和摩托車的製造商。1916年，寶馬公司在德國慕尼黑創建，1917年它還是一家有限公司，1918年便更名成了巴伐利亞發動機製造股份公司並上市。九十多年來，它由最初的一家飛機引擎生產商發展成了今天以高級轎車為主導，並生產享譽全球的飛機引擎、越野車和摩托車的企業集團，其業務遍及全世界120個國家和地區。

1923年，第一部寶馬摩托車問世；1928年，寶馬收購了埃森那赫汽車廠，並開始生產汽車；1994年，寶馬集團收購了英國路華汽車公司；1998年，寶馬集團又購得了勞斯萊斯汽車品牌；2002年，公司汽車銷售紀錄首次突破100萬輛；摩托車銷量超過9萬輛。當前，寶馬公司是全世界最成功和效益最好的汽車及摩托車生產商，在全球的員工總數超過10萬人。

寶馬公司歷來以重視技術革新而聞名，不斷為高性能高檔汽車設訂新標準。同時十分重視安全和環保問題，在「主動安全性能」和「被動安全性能」方面的研究，及其整體式道路安全系統，為公司贏得了很高的聲譽。寶馬公司根生在德國，但其思想和行為是跨越疆界的，凸顯寶馬個性特徵的品牌就是企業的核心競爭力，靠這個品牌，寶馬馳騁世界。

一貫以高檔品牌為本，是寶馬公司成功的基礎。寶馬公司擁有BMW、MINI和Rolls-Royce（勞斯萊斯）3個品牌。這3個品牌各自擁有不同的傳統、形象和市場定位，佔據了從小型車到頂級豪華轎車各個細分市場的高端。BMW品牌代表著運動特性和卓越性及含蓄的表達方式。而且，BMW品牌還被賦予了強大的感情色彩，因為汽車最重要的除了技術以外，還有駕駛的樂趣。MINI品牌所表達的是年輕、城市化、多姿多采和與眾不同，它調皮而有格調，獨樹一幟得令人眼前一亮，適合出現在任何場合。Rolls-Royce（勞斯萊斯）一直以來都是豪華極致的代名詞，以傳統的手工工藝和精湛的現代技術相結合，它的皇家氣派令人過目難忘。

寶馬公司長期貫徹明確的高檔品牌策略，在未來幾年內，這將體現在大範圍內的產品和市場攻勢上。在注重各品牌獨特性的同時，寶馬公司將透過推出新產品進軍新領域，並把公司的系列產品推廣到更多的新市場上。寶馬從豪華車市場的高端入手，甩掉了荒原路華，購買了勞斯萊斯，同時在低端跟進，推出了迷你計畫生產1系。

寶馬的成功，是一種特色的成功，也是一種理念的成功。這麼多年來，他們一直堅持「將專業化的創新流程做為企業始終堅持的一項重要戰略，並融入到企業文化的各方面」的經營理念，力圖做為最成功的高檔汽車和摩托車生產商立足於國際市場。總之，寶馬正採取一切手法經營它的「高檔品牌戰略」，擁有了堅定而明確的戰略，我們有理由相信寶馬在以後會有更好的表現。

第三節

歐萊雅，獨樹一幟的品牌文化

L'ORÉAL PARIS

歐萊雅，由法國巴黎化學研究所的歐仁・舒賴爾於1908年創建。「歐萊雅」這個名字來自於希臘語「OPEA」，象徵著「美麗」。創建之初，歐仁・舒賴爾就意識到，企業沒有名氣就不能盈利，品牌是企業成功的推動力，於是他開始仔細研究如何銷售自己的產品。起初，歐仁・舒賴爾聘請俄羅斯皇宮的前理髮師做為公司的銷售代表，嘗試著做一些廣告，接著，他又創辦了一份專業報紙《巴黎髮型》。這份報紙起了很好的廣告宣傳作用，使公司的銷售業績不斷上升，公司也因此不斷的發展壯大起來。1912年，歐萊雅的產品已經賣到了荷蘭、奧地利和義大利。1920年，公司月營業額已達到30萬法郎。

歐仁・舒賴爾十分重視廣告的作用，並創造了新的廣告形式——廣告歌，又發明了公車車身廣告。1928年，歐仁・舒賴爾收購了一家香皂公司，使公司開始進軍洗滌產品市場。1934年，歐萊雅公司推出著名的多普洗髮乳，受到了很多顧客的青睞。1936年，法國人有了第一個帶薪假期，人們可以盡情地去享受海水浴和太陽浴，歐萊雅即時地捕捉到了這一變化，研製出了一種既能使皮膚曬黑，又能防止有害輻射的防曬油，結果很快就被人們接受並形成了時尚。

1953年，歐萊雅公司創建了科斯美爾公司，並將其做為駐美國的代表，歐萊雅公司開始真正地走向了世界。1963年，歐萊雅上市，並展開一連串的收購行動，將法國化妝品牌蘭蔻收歸旗下。隨後的幾十年裡，歐萊雅集團透過收購來擴張自己的品牌隊伍，透過科技研發新產品，不斷地發展壯大起來。2001年12月《金融時報》曾公布，歐萊雅集團是最受尊敬的法國公司；2002年初，歐萊雅公司被《財富》（歐洲版）評為「歐洲10佳雇主」之一；2002年11月，歐萊雅集團榮獲由經濟學人資訊部評選的「2002年歐洲最佳跨國企業成就獎」；2003年，《富比士》雜誌4月份公布了2003年全球400家最佳大企業（又稱《頂尖企業榜》），歐萊雅公司名列其中，而這已經是歐萊雅第4度榮登此榜；2003年7月21日，《財富》雜誌公布了新的全球500強（按銷售排），歐萊雅公司名列第373位。

如今，歐萊雅集團的事業遍及150多個國家和地區，產品包括護膚防曬、護髮染髮、彩妝、香水、衛浴、藥房專售化妝品和皮膚科疾病輔療護膚品等。做為世界第一的化妝品公司，歐萊雅集團一向以「合理的價格、提供最新科技、最高品質的產品，以滿足消費者的最終需求」為理念。被美國《商業週刊》授予了「美的聯合國」稱號。

給品牌注入本土文化品味

歐萊雅集團十分注重品牌的管理，集團有著上百年的發展歷史，也就是其品牌管理的歷史。歐萊雅集團目前已經擁有了500多個優秀品牌，並且樹立起了獨樹一幟的品牌文化和品牌特色。可以說，注重完善不同品牌所特有的文化內涵與品牌特色，是歐萊雅成為世界最大和增長最快的化妝品公司的重要原因之一。

歐萊雅目前擁有近百個產品系列，既有世界知名的高檔護膚品蘭蔻，也有服務於大眾市場的魅比琳。歐萊雅為它們賦予了不同的文化底蘊，根據當地的人文特點，在其品牌注入了本土文化品味。如為了突出魅比琳的美國背景，體現現代快節奏的主旋律，歐萊雅對魅比琳進行了重新包裝，加強了魅比琳的都市流行色彩。同時，歐萊雅針對都市「白領麗人」對高效率的要求，推出了魅比琳「亮麗快乾」的指甲油系列。產品一經推出，立刻成為都市女性的新寵。

歐萊雅集團意識到，要使歐萊雅王國長盛不衰，就必須要不斷創新。世界上最出色的美容文化來自美國和法國，歐萊雅希望透過兼容並蓄，使兩者在歐萊雅帝國中進行衝突和磨合，不斷迸發出創新的火花。

歐萊雅的廣告策略是和品牌定位及與目標顧客相匹配。品牌不同，廣告策略也不一樣。

比如只有魅比琳的廣告在電視上頻頻出現，而其他的品牌則沒有，這是因為魅比琳是一個大眾化的品牌，購買非常方便，而電視是目前最有效的大眾傳媒，在電視上做廣告，可以讓更多的顧客知道和瞭解產品；而歐萊雅的薇姿和護膚寶水，只在藥房銷售，卡詩和歐萊雅專業美髮品只在髮廊銷售，蘭蔻等高檔品牌只在高檔商店才有銷售，在這種情況下，做大規模的電視廣告是不合適的。翻開高檔的時尚類雜誌，版面最好的位置往往被精美的蘭蔻、薇姿、歐萊雅的廣告所佔據；而走在街頭，則會看到歐萊雅的巨幅看板，優雅大方的模特兒在向你微笑。所以宣傳手法一定要針對相對的目標群體才會有效。

歐萊雅集團在樹立品牌的同時，又為不同的品牌建立不同的品牌文化，並透過各種途徑把品牌文化傳遞給顧客，使全球的女性都認識了歐萊雅，並接受歐萊雅。可以說，老字號歐萊雅的品牌文化建設是成功的，是值得我們去探討和學習的。

第四節

豐田的聯合品牌及子品牌策略

老字號豐田公司是日本最大的汽車公司，也是世界十大汽車工業公司之一。公司創辦於1936年8月，創始人是豐田喜一郎。豐田公司在汽車的銷售量、銷售額、知名度方面，均是世界一流的公司，尤其是在汽車銷量上名列世界第一。豐田公司生產的汽車包括一般大眾性汽車、高檔汽車、麵包車、跑車、四輪驅動車和商用車，其先進技術和優良的品質備受世界推崇。

1982年7月，豐田汽車工業公司與豐田汽車銷售公司重新合併，正式更名為豐田汽車公司。豐田汽車公司總部現在日本東京，年產汽車近500萬輛，出口比例接近50%。該企業品牌在世界品牌實驗室編制的2006年度「世界品牌500強」排行榜中名列第100，2008年度「世界收入500強」排行榜中名列第5。如今名傳天下的「豐田」汽車，已經享有全球分布最廣、出口量名列世界榜首的美名，銷售網站遍及世界5大洲130多個國家和地區。

「豐田」汽車以其舒適寧靜的特性，簡潔、流暢、形神兼備的外表，而備受車迷的喜愛。它在發展的各個不同歷史階段，創造出了不同的名牌產品。「豐田」實行的是聯合品牌以及子品牌策略，一共開發了50多個車型。其品牌有「豐田」、「皇冠」、「光冠」、「花冠」、「克雷西達」、「列克薩斯」、「世紀」和「凌志」。早期的「豐田」、「皇冠」等汽車名噪一時，近年來的「克雷西達」、「列克薩斯」等豪華汽車也極負盛名。

在豐田公司生產的系列轎車中，「凌志400」已經躋身於世界豪華車的行列，深受人們的青睞。當時，為了與「賓士」及「寶馬」競爭，豐田公司決定創立一個新的高檔品牌，但「豐田」深知，「豐田」與旗下諸如「花冠」、「皇冠」、「佳美」之類的品牌，在人們心目中「低檔、省油、廉價」的形象已根深蒂固，很難改變其在公眾心中固有的觀念。於是「豐田」專為高檔車推出了一個全新的品牌，並命名為「凌志」。「凌志」車故意隱去了企業名稱，車身上也沒標「豐田」的標誌。這樣做的目的正在於避免人們將新品牌與「豐田」傳統的品牌形象產生聯繫，消除傳統的「豐田」形象對高檔車「凌志」可能造成的行銷障礙。此品牌一經推出便大獲成功，使「凌志」車終於能與「寶馬」、「林肯」、「賓士」等豪華車品牌一較高低。

1990年，豐田汽車公司開始向船舶、航空器、航天器資訊通訊等全新領域進軍。儘管之前「豐田」也曾經向汽車產業以外的住宅建設、產業車輛、工業自動化相關系統及設備的銷售，以及資訊通訊企業、航空航太企業等領域進行過投資，但成果並不顯著。透過這次的戰略調整，老字號「豐田」明確地向世界展示出了它將在21世紀全面拓展新事業、向一切可能性發起挑戰的姿態。

專家點評：

品牌戰略的確立應該圍繞著企業的競爭力來進行，根據企業自身情況，結合行業特點，針對市場的發展及產品特徵進行靈活的探尋。不論是單一的品牌戰略、副品牌戰略、多品牌戰略，還是背書品牌戰略，都有其各自的行業適用性和時間性。不同的品牌經營策略，會帶給企業不同的道路和命運。結合自身所在行業與所處階段，綜合處理好品牌模式選擇、品牌識別界定、品牌延伸、品牌管理等問題，才是企業持續發展的命門所在。

第四章

老字號之核心競爭術

在歷史的洪流中，為什麼有的企業僅僅曇花一現便悄然逝去，而有的企業卻日益壯大、長盛不衰呢？答案只有一個，那就是企業是否在不斷地培育持久的核心競爭力。核心競爭力是指企業內部一系列互補的技能和知識的結合，它具有使業務達到競爭領域一流水準、具有明顯優勢的能力。這種能力往往是這個企業獨有，並且不能被複製的。綜觀那些老字號，它們都擁有能使企業獲得可持續發展的競爭力，這也是它們永保青春的祕方！

第一節

聯合利華之集中戰略

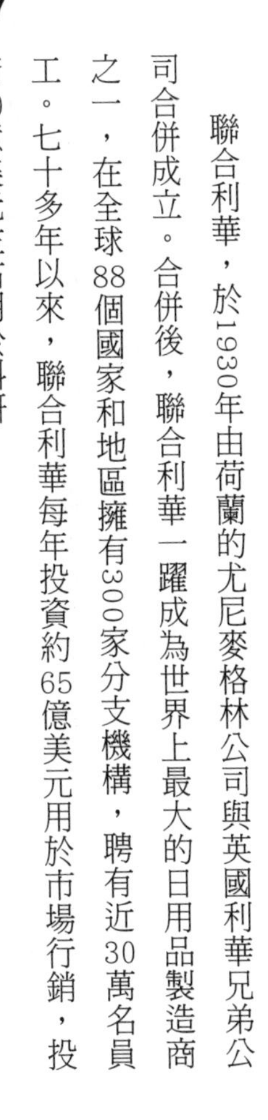

聯合利華，於1930年由荷蘭的尤尼麥格林公司與英國利華兄弟公司合併成立。合併後，聯合利華一躍成為世界上最大的日用品製造商之一，在全球88個國家和地區擁有300家分支機構，聘有近30萬名員工。七十多年以來，聯合利華每年投資約65億美元用於市場行銷，投資10億美元左右用於科研。

聯合利華的主要產品，包括家庭及個人護理用品、食品與飲料、冰淇淋3大類。擁有許多國際性、地區性和本地性的品牌，包括個人護理品牌旁氏、麗仕、多芬、潔諾和凡士林，以及家庭護理品牌奧妙、金紡等。其中多芬、立頓、麗仕、夢龍、奧妙、好樂門和凡士林等在全球廣受歡迎。

聯合利華目前已在全球150個國家和地區推廣其品牌，在90個國家和地區擁有生產基地，其全年總銷售額已經超過520億美元。聯合利華在全球食品與飲料公司中名列前3，其旗下Wall's是世界第1

的冰淇淋品牌，也是聯合利華旗下最大的品牌。此外，在市場上領先的其他產品還包括黃油、調味品、除臭劑、織物清潔劑、個人洗滌品及大眾護膚護髮用品等。聯合利華也是全球最佳獲利企業和最大的消費品生產企業之一。面對競爭異常激烈的傳統消費市場，聯合利華一直保持著穩步的增長態勢。

聯合利華從20世紀八〇年代起就開始採取集中戰略。「消費者至上」的經營理念雖然在聯合利華的成功史上起著決定性作用，但集中品牌戰略也是不可忽略的。聯合利華全球投資關係部門曾說：「我們目前集中發展的4個行業有近2,000個品牌，但公司75%的銷售是來自2,000個品牌中的400個，這400個品牌的年增長率約為4.6%，有很高的利潤。」聯合利華在宣傳、研發等許多方面傾向這400個優勢品牌，以保障公司業務的全面增長。企業於1999年提出的全球增長之路的戰略，就是它在新世紀、新環境下打造核心競爭力的告白：聯合利華正以「壯士斷腕」的方式在世界各地實施戰線收縮，在行業、產品類別和品牌3個方面實行集中戰略。實踐證明，聯合利華的集中戰略確實為它在全球清潔用品行業獲得堅不可摧的霸主地位奠定了基礎。

壓縮品牌規模

讓聯合利華名揚海內外的是其擁有的2,000多個品牌。聯合利華壓縮品牌規模是根據

「二八定律」，即從2,000多個品牌中選出400個品牌。確定這400個品牌的標準，是看其是否有潛力成為有吸引力和有規模的品牌。聯合利華選擇本地化、價值高的品牌為主要發展對象，透過裁員和減少工廠，將品牌集中於食品和個人護理領域。在中國，聯合利華果斷地退出了非主營業務，專攻家庭及個人護理用品、食品及飲料和冰淇淋等3大優勢領域。當然，沒有被選中的品牌並非全部被賣掉，有些會根據業務需要，經調整重組後被分配到現有的400個品牌結構中去。

管理品牌

聯合利華對品牌進行管理的重要內容之一，就是改造全球品牌。使它們符合本地顧客的口味，利用國際經驗和資源來壯大本土品牌，同時保持本土品牌的特色。以亞洲市場為例，聯合利華的許多家庭及個人護理用品，是西方科學技術和東方傳統天然成分的絕佳組合。

為了讓顧客瞭解自己的品牌和產品，聯合利華每年都要投入鉅額的廣告費用。聯合利華的最大的競爭對手——寶僑公司，每年的廣告費用為50億美元，而聯合利華的廣告開支幾乎每年都要投入60多億美元。寶僑十分注重打造品牌個性，聯合利華則極為注重國際品牌的本土化。例如，在美國市場上根本找不到夏士蓮黑芝麻洗髮精，因為它是為黑髮的東方人量身訂造的。

創新品牌

聯合利華推廣品牌的一個重要原則就是：「品牌要發展就要不斷地創新」。這一原則也體現在廣告策劃的創新上——將全球品牌與本土品牌相結合。比如在大陸，聯合立華就收購了老牌牙膏品牌「中華牙膏」，大力投入對本土品牌的扶植和利用。上市後，聯合利華就開發並上市了以金銀花和野菊花等天然成分為主的新款「中華草本抗菌牙膏」，而且，還對牙膏的整個形象設計過程進行了改良，新的包裝圖文分明，標誌醒目，色彩時尚；採用複合管，輕便耐用；在保留傳統的「中華」標誌的外表、中華繁體字樣、天安門圖形3大元素外，新的創意賦予了創新、專業、現代、時尚的內涵，使中華牙膏的品牌價值得到了很大的提升。

聯合利華推廣品牌分為兩個階段。第一階段是透過建立和完善產品的品質性能、宣傳方式、行銷方式等，為品牌的生存打造良好的基本空間，即品牌的管理；第二階段是透過對品牌形式和內容的持續創新，以保持和擴展市場空間，即品牌創新。如2001年，聯合利華在歐洲市場上推出了一種包裝新穎的洗衣粉，這種洗衣粉跟藥片一樣，將洗衣粉分袋壓縮包裝，洗衣時，只要扔一片到洗衣機裡就可以了。此舉非常成功，兩年內便拿下歐洲洗衣粉市場比例的6%。

集中品牌戰略，對聯合利華來說具有里程碑式的意義。它不僅使聯合利華在全球的產品分類生產上更加明晰，銷售得以統一，品牌推廣更有針對性，而且還減少了內部管理的內耗，避免了無序競爭，提高了競爭力。

老字號聯合利華的集中化戰略，很值得我們的企業學習。企業無論大小、強弱，能力、財力和精力都是有限的，在經濟全球化和競爭激烈化的形勢下，要向顧客提供較好的產品或服務，就必須在各個方面善於集中，善於爭取和發展相對優勢。在任何時候都不能拉長戰線、分散資源，搞無原則的多元化，更不要盲目進入非擅長的領域。

第二節

米其林之資源整合

MICHELIN®

老字號米其林集團——全球輪胎科技的領導者，它的創建始於1832年，那是一個還沒有汽車的年代，馬車是人們唯一的代步工具。米其林兄弟的祖父巴比爾與其表哥多伯利合股，在法國克萊蒙費朗開辦了一間小型的農業機械廠。起初他們只生產一些供小孩子玩耍的橡皮球玩具，之後便開始製造橡皮軟管、橡皮帶和馬車制動塊，並將其出口到英國，這就是米其林公司的雛形。到1889年，愛德華·米其林繼承了祖父的事業，並在其兄弟安德魯·米其林的幫助下，正式創立了米其林公司，現代的米其林公司就是從此發展而來。

歷經一百多年的奮鬥，米其林集團依舊秉承著簡單和直接的經營理念，不搞特許加盟，不浮誇，只簡簡單單、踏踏實實地進行經營。目前它已擁有近80個工廠，在歐洲、北美、亞洲和非洲近20個國家開辦了分廠，歐洲銷售額佔其銷售總額的90%。該企業品牌在世界品牌實驗室編制的2006年度「世界品牌500強」排行榜中名列第345，在2007年度

《財富》全球最大500家公司排名中名列第341。除了輪胎以外，米其林集團還生產輪輞、鋼絲、移動輔助系統（如PAX系統）、旅遊服務、地圖及旅遊指南。從1946年發明可以改善車輛操控性、安全性，並延長壽命的子午線輪胎至今，它已經成為世界輪胎3大巨頭的佼佼者了，而米其林輪胎也和可口可樂、麥當勞一起成為了全球知名度最高的3大品牌。

米其林集團很早就深刻體會到：要分割世界市場這塊巨大的蛋糕，並以絕對優勢佔領世界的輪胎市場，就必須抓住機遇，在技術、資源、資金等方面實現與其他輪胎巨人的聯手合作，以便進行資源整合。法國米其林集團一直在全球輪胎行業中擔任著技術領袖。全球每一個國家的任何一種汽車，包括古董車、輕型客車、豪華轎車、四輪驅動越野車、各種級別的卡車……無一不是裝備了米其林輪胎。第一個轎車輪胎、火車輪胎和卡車輪胎都是由米其林製造的，首個可拆卸輪胎也是米其林在1906年設計製造出的，無內胎設計的鼻祖是米其林，還有首個具備胎面花塊自動磨銳功能的雪地輪胎……在激烈的競爭中，米其林叱咤風雲，縱橫馳騁，以絕對的實力在世界輪胎領域獨佔鰲頭，「滾動」出一條經營奇蹟。那麼，是什麼促進了米其林這個老字號的成功呢？

礙於資源的稀少性特點，市場要求企業必須努力保持這些稀少的資源，以便產生價值。然而，資源並不會自發產生價值，只有對資源進行有效的整合，才能使資源價值最大化。老字號米其林公司實施資源聚合戰略，對資源進行了有效整合，進而取得了良好的效果。

然後再透過科技創新、廣告和服務策略，又全面提升了米其林的企業和品牌價值，進一步為公司累積了新的資源。接著公司再進行有效整合，進而形成了一個良性的發展循環，使米其林呈現出了螺旋式上升發展的趨勢。

第三節

雷諾之戰略聯盟

老字號雷諾公司是世界上歷史最悠久的汽車公司，也是世界10大汽車公司之一。雷諾1898年創立於法國巴黎，起初公司僅有6名員工，一年僅製造6輛汽車。1900年，由於雷諾在巴黎、柏林等車賽中接連獲勝，進而使雷諾產品聲望日隆，公司這才開始得以發展。1907年，雷諾計程車出現在了倫敦和紐約的街頭；1914年，雷諾形成了大規模工業生產；1919年，雷諾公司已成為法國最主要的私人企業；到二戰爆發時，雷諾已在法國、比利時、英國等地擁有多家工廠；戰爭結束後，雷諾公司被政府收歸國有。

在法國政府的領導下，雷諾公司進入了第二次大發展時期。公司利用國家資本，兼併了許多小汽車公司，並發揮了雷諾公司的技術潛力，開發出多品種汽車新產品。1946年他們推出了著名的4CV小轎車，1954年4CV的產量達到了50萬輛，在其後的十年中他們還推出諸如雷諾4、雷諾5等系列產品，1975年的年產量已達150

萬輛，雷諾公司變成了當時法國最大的汽車生產企業。從1992年起，雷諾重新轉為私營企業。1993年公司的資產額為359.2億美元。2003年，雷諾連續六年保持了歐洲轎車和輕型商用車第一品牌的地位。雷諾在歐洲的市場比例達11.1%。該企業品牌在世界品牌實驗室編制的2006年度「世界品牌500強」排行榜中名列第187，在2007年度《財富》世界500強公司排名中名列第117。

雷諾在激烈的市場競爭中，不斷調整自我、完善自我，企業綜合實力不斷增強，是一個不斷進取、充滿活力、與時俱進的「百年老店」。雷諾公司之所以能取得如此大的發展，主要是因為他們在「誠信經營，客戶至上」經營理念上，建立了獨具特色的戰略聯盟模式。

戰略聯盟可以實現強強聯合、優勢互補和資源分享。同時還可以保持企業的獨立性。戰略聯盟主要涉及：建立合資合約，技術分享，聯合使用生產設施，相互銷售對方的產品，或者聯合生產零、配件或者裝配成品。而雷諾公司可以說是國際戰略聯盟的典範。

為了打進亞洲市場，1999年3月，雷諾集團與日本日產（尼桑）汽車公司達成協定，雷諾以54億美元的投資，取得了日產公司36.8%和日產柴油車公司22.5%的股份，並得到五年後持日產44.4%的股份保證。1999年7月，雷諾公司又取得了羅馬尼亞達齊亞汽車公司51%的股份，為其大舉進入羅馬尼亞及其他東歐國家汽車市場建立了橋頭堡。2000年3月，雷諾公司宣布與瑞典沃爾沃汽車公司聯合。2000年4月，雷諾公司又注資5.62億美元，與韓國三星公司建立了一個全新的合資企業，雷諾三星起步十分迅猛，如今已經是韓國車市上的一塊名牌，2003年的產量已經達到113,370輛，盈利1.158億美元。

下面，我們主要來談一談雷諾日產戰略聯盟。雷諾日產聯盟的戰略目標是：實現3個「前3位」，即要成為顧客心目中最受歡迎的3個品牌之一；關鍵技術水準列於世界3大汽車集團之一；銷售業績名列全球汽車集團前3位。

雷諾日產有限公司設立於2001年10月，雙方各出資50%，按照法律組建，是制訂聯盟戰略和指導雙方合作的真正的決策機構。雷諾日產有限公司負責實施聯盟戰略，在全球範圍內協調聯盟工作；雷諾日產有限公司將全權負責三年、五年及十年的中遠期計畫、聯盟汽車和發動機共同專案，並確定經濟及財政政策原則。雷諾日產有限公司對雷諾和日產的重大經營決策，擁有特別建議權，雷諾和日產雙方的執行委員會以及與其聯盟的管理委員會，定期透過各種報表和指標對計畫的進展進行監督和決策。其主要合作方式表現如下：

首先，雷諾日產聯盟在資訊領域尋求合力。雷諾日產資訊服務公司主要從事如下7項工作：資訊服務計畫、網路佈局、資訊服務結構、技術結構、效益評估、專案辦公室、SAP資產中心、網路和通訊，為雷諾和日產提供全方位的資訊服務。雷諾日產資訊服務公司還將為雷諾和日產提供資訊服務政策建議。

其次，雷諾日產聯盟採用共用平臺策略。聯盟的生產平臺內容包括使用共同的元件、建立一個可供同一平臺車型使用的「動力傳動配件庫」、工業生產流程趨同以共用生產能力共用平臺策略，使聯盟的資產設備技術得到了充分地利用，最大程度地發揮生產優勢，節省雙方的重複投資，降低生產成本。

其次，雷諾日產聯盟注重交流與合作。雷諾和日產分別來自法國和日本，東西方文化存在很大差異。為了增進雙方的瞭解，相互學習，提高企業員工的整體素質和合作精神，聯盟從成立開始，就透過互換員工和集體培訓，讓員工瞭解聯盟夥伴的文化和工作方式，進而培養員工認同聯盟、熱愛聯盟的企業文化。

再次，雷諾日產聯盟採用相互支持策略。即銷售力量比較強的一方透過對另一方銷售和生產上的積極支持與幫助來開拓市場，也就是由發展好的一方幫助另一方。在尊重各自品牌價值的基礎上，雙方還允許讓對方進入自己的銷售網路，以便提高聯盟產品的市場佔有率。

最後，雷諾日產聯盟採用共同採購政策。為了降低採購成本，提高聯盟的競爭力，提高聯盟在採購品質、採購成本和交貨期限等方面的控制力，雷諾日產聯盟決定以雷諾日產採購機構為前鋒，擴大共同採購範圍。雷諾和日產雙方還要交流各自對待供應商的採購經驗和採購管理經驗。

透過五年的實踐，雷諾日產聯盟取得了有目共睹的成功。2003年，雷諾日產集團在全球的銷售總量達到5,357,315輛（其中日產銷量為296.8萬輛，雷諾為238.9萬輛），銷往西歐的共2,296,123輛，北美洲864,015輛，日本827,368輛；在拉丁美洲的銷量達到394,635輛（墨西哥232,329輛）；在中東和非洲的銷量為827,368輛。根據雷諾網站公布的資料，兩家公司2003年的合併銷售額為900億歐元，合1,090億美元，營運利潤為78億歐元。至此，雷諾日產集團一躍成為全球第四大汽車製造商，排在通用、豐田和福特之後。

在市場攪動度越來越高的今天，單憑一個企業已經越來越難以應付複雜多變的環境了，因此，聯合其他企業共同應對變化，成了當代企業普遍選擇的一種經營方式。雷諾與日產建立了聯盟關係，並對這種夥伴關係進行了有效的管理，進而降低了市場風險，提高了雙方的競爭力，走上了一條快速發展的道路。

專家點評：

1990年，美國著名管理學者普拉哈德和哈默爾提出了核心競爭力的概念，他們認為隨著世界的發展變化，企業間競爭加劇，產品生命週期的縮短以及全球經濟一體化的加強，企業的成功不再歸功於短暫或對偶然產品的開發，而是企業核心競爭力的外在表現。這種能力必須良好的體現顧客所看重的價值，同時也必須是競爭對手難以模仿的。並且，核心競爭力不僅僅體現在技術上，還表現在生產經營、行銷和財務等方面。如何更好的整合企業所擁有的各種資源，打造核心競爭力，在現代社會中已成為企業生存發展的頭等大事。

3

第三篇

梧桐搖落故園秋——老字號之衰落淘汰篇

而今，當我們還在津津樂道一些新生品牌和一些老字號企業的競爭時，有許多老字號品牌已經悄然消失在我們的視野裡了。達爾文曾提出了「優勝劣汰」的自然生存法則，其實在商界的沉浮中，企業和品牌也同樣遵循著優勝劣汰的規律。當那些曾經熠熠生輝的「老字號」們已經不復存在，也不再被後來的人們所知時，留給我們的只有一聲嘆息。它們在發展過程中遇到種種阻力和困難，卻無法力挽狂瀾、救難於危時，最終在這些阻撓下走向了失敗和衰落。在這些慘痛的商海浮沉裡，我們應冷靜地看待每一個老字號企業消失背後的經驗與教訓，以便引起警示，讓後來的企業能夠避免重蹈它們的覆轍。

第一章

老字號之短命鎖鏈

其實，許多百年老字號已經消失或正在慢慢凋零。如當年譽滿日本的「福助襪業」，如今已經日薄西山，奄奄一息；如以「五分店」發跡擁有多家連鎖店的百貨業大王——沃爾沃斯，也是風光不再；曾經以一次成像技術而稱雄全球的先鋒企業寶麗來，已經無可奈何花落去……那麼，這些曾經輝煌過的老字號們是如何走向失敗和衰落的呢？給我們留下什麼樣的教訓與警示呢？關於這些問題，本章將給您一個滿意的答案。

第一節 百年襪廠黯然謝幕

福助公司是一家已經有一百多年歷史的老字號工廠，原名為「丸福」。創業之初主要生產和銷售襪子，以「福助平紋紡織品」聞名於日本。

1949年，該公司在東京證券交易所上市後，憑藉老字號的知名度，快速累積資本，產品品項也逐漸擴展到長筒絲襪、內衣等。在當年日本經濟高速增長的時期，福助還曾經與法國的世界知名品牌CD聯手開發市場，影響力頗大。

福助生產的襪子，在日本市場的佔有率一直居於首位，1992年的銷售額達到了895億日圓。但是，此時日本經濟進入了「平成蕭條」時期，因為經濟不景氣的原因，日本國民的個人消費一度大大縮減，福助公司透過百貨店面向個人銷售的單一經營模式也受到了挑戰。加之進口的廉價產品在日本市場的大量湧入，以及九〇年代後日本婦女「赤腳族」的增加，福助的銷售額出現了下滑趨勢。

除此之外，福助公司在經營戰略方面也有失誤。福助曾於1998年向寺內集團投資3億日圓，僅僅相隔兩年，它又向長崎屋投資3億日圓，接著又向崇光集團注入資金5.2億日圓，同時又給「MYCAL」投資近5億日圓，但是這些日本流通業中的佼佼者卻先後破產。

福助的投資一去無回，財務狀況陷入困境。

盲目的投資讓福助襪業一度進退維谷，而此時其他襪業的崛起，產品又不斷推陳出新，這樣的競爭無疑又讓福助襪業雪上加霜。

資金的白白流失，讓福助公司終於面臨生死存亡的考驗，於是福助襪業只能咬牙開始調整經營戰略。並從金融機構和其他公司聘請了財務顧問，以扭轉被動局面，而且由於資金的無法回收，福助為了降低生產成本，又在中國設立了合資工廠。但是，日本國內市場的銷售情況卻一直沒有起色。福助公司連續遭受多年的財政赤字和股市虧損，到2003年3月，福助公司總債務已經超過了450多億日圓，不得不申請破產。回顧往昔，福助也曾有過蓬勃發展的時代，走到今天這個地步，其破產的癥結在哪呢？

1．品牌老化

突出表現在兩個方面。其一便是品牌意識薄弱。盲目的投資，而不注重自己老字號產品的開發。美國行銷專家拉里．萊特（Larry Light）曾說過這樣一句話：「擁有市場比擁有工廠更重要，而擁有市場的唯一辦法是擁有佔統治地位的品牌。」一個企業的產品會過時或落伍，或者被其競爭對手模仿，但品牌是獨一無二的。因此企業家們個個勞神費心，在打造自己品牌方面各顯神通。然而以福助襪業這樣的「老字號」這時候卻顯得跟不上時代的腳步了，一直等到其他品牌走了很遠一段路的時候，它才想起來要重新打造自己的品牌。

其二則是單一的品牌延伸侷限。翻閱過去的二十年品牌運作的歷史，不難發現，其中最引人注目的現象就是品牌延伸。世界菸草巨頭萬寶路如今也做起了運動鞋、運動衣。可口可樂雖然近百年只生產一種飲料，現在也完成了內線延伸，先後推出健怡可樂、兒童可樂、無糖可樂等，再加上芬達、酷兒、雪碧，其市場地位自然十分穩固，這些都要歸功給品牌延伸。毫無疑問，品牌延伸已經成為強勢品牌進行制訂行銷戰略的一張王牌。再反觀福助襪業，一百多年來，領導者都已經更換了好幾次，但其品項的經營範圍卻依然十分單一，只是在萬不得已之時才進行小小的轉變。雖然也有過試圖投資其他行業來賺錢，但福助公司就沒有想到利用自己的金字招牌去實施品牌延伸，增加利潤點，並做大市場「蛋糕」。看著日漸蕭條的福助襪業，真是不由得令人惋惜。

2．經營理念

百年老字號福助襪業可謂是飽經風霜。缺乏新意的產品，日漸萎縮的市場……面對種種困境，福助鮮有招數。其實一百多年來，福助始終堅持著誠信的宗旨，但儘管它始終抱持著誠信，踏踏實實、戰戰兢兢的按照宗旨去做，卻在經營理念的其他方面有所偏頗。在產品開發頑固守舊，又一味衝動地追求高風險投資，不能使自己融入更開闊的地域，這些現代經營的通病，在福助身上也得到了充分的體現。

百年老字號的規模普遍從小做到大，因此往往容易陷入自我膨脹中，認為自己很有實力，經得起風雨的考驗。殊不知一個錯誤的決定，往往會把多年的辛苦付諸流水。在這一點上福助襪業也不例外，其弊端在資金鏈方面體現的尤為明顯。連續的資金流失，使得福助襪業「巧婦難為無米之炊」。眾所周知，缺乏資金就無法積聚品牌資產，很容易陷入常見的由於資金短缺而無力開發新產品中。沒有資金也就不能充分利用現代科技進行大規模生產，降低成本，佔領市場。

這些錯誤的經營理念，給了百年老店福助襪業日漸衰落的局面，而與此類似的老字號還有很多。這些企業要想重現當年盛景，改制勢在必行。重新樹立品牌，並將其適當延伸，以優質的產品和服務重新贏得消費者，改變腐朽的經營理念，擴大規模，尋求更寬廣的市場，才是老字號的長遠之路。

如今，名冠日本的襪子集團已經猶如過眼雲煙，令人不由得產生幾分唏噓，只願福助的落幕，能給更多的企業啟發與警醒，使悲劇不再重演。

第二節

沃爾沃斯風光不再

經營了一百一十八年、擁有上千家連鎖店的百貨業大王——沃爾沃斯的破產消息一經傳出，就在全美上下引起了轟動，這家百年老店的倒閉成為了人們競相議論的話題。

沃爾沃斯百貨連鎖店的關閉，象徵著美國傳統百貨商店時代的結束和新興平價店、大型購物中心、工廠直銷店在百貨業競爭中的搶灘成功。沃爾沃斯的歷史及經驗與教訓，也給我們的百貨業帶來了警示與啟迪。

沃爾沃斯是在1879年創立的。創立者法蘭克先在紐約開了一家與眾不同的「5分店」，銷售的全都是5分錢以下的商品。他的本意是以低價策略來贏得顧客，沒想到事與願違，「5分店」開張不到3個月就關門了。接著，法蘭克又在賓夕法尼亞另起爐灶，蓋起了一幢6層的大樓，大樓的底層依舊是「5分、1角店」。這是全美第一家正式的市民購物中心。

「5分、1角店」的商品極其豐富，並且價格十分低廉，吸引了當時並不富裕的美國大眾，生意非常興隆。1896年，沃爾沃斯進駐紐約市，同時也將觸角伸向了英國、法國、加拿大等地。到1919老沃爾沃斯大亨去世時，他的名下已有1,081家平價百貨店，年營業額達到1.09億美元，牢固地確立了其美國平價連鎖百貨國王的地位。1954年該企業達到了鼎盛時期，共擁有海內外分店多達1,850家，年營業額突破了7億美元；到了1960年，它的年營業額更是高達10億美元。在美國，凡是年紀稍長的人幾乎沒有不知道「沃爾沃斯」這家百貨連鎖店的。

那麼，究竟是何種原因使這家百年名店毀於一旦的呢？俗話說：「冰凍三尺，非一日之寒。」沃爾沃斯倒閉的徵兆早在20世紀六〇年代就已顯露端倪。它的倒閉，主要原因有以下幾個方面：

一味求廉，產品缺乏特色

無論是什麼企業，要想取得成功都必須緊跟時代的步伐，必須時刻關注現代人消費觀念的更新和消費者行為的變化，進而進行戰略轉變。可是，沃爾沃斯沒能做到這一點，只是一味的強調「廉價」，在商品更新和產品特色上根本沒有更多的品項供顧客選擇。它不能適應顧客追求專業化服務、個性化審美的要求，這不能不說是其失敗的一個重要原因。

競爭加劇，價格戰已不具優勢

由於沃爾沃斯處在租金日益高漲的市中心，因此它的低價政策最終難以實施。加上一大批新的競爭者不斷湧現，沃爾沃斯的競爭態勢受到了強大的打壓。而且這些新店的店面更寬敞、明亮，經營的商品豐富，價格低廉，與之相比，沃爾沃斯平價店的優勢蕩然無存，因此，那些低收入的家庭就更加願意去一些真正的廉價商店，如傑克0.99美元商店（商品都在1美元以下）。但在沃爾沃斯，同樣的商品，價格卻要比這些新興廉價商店商品價格高出3至5成。因此，從某種意義上講，沃爾沃斯在商品的價格競爭中已經處於劣勢了。

購物新趨勢，搶走老顧客

20世紀五〇年代至六〇年代，美國人購物往往去城裡，由於沃爾沃斯百貨店大多數設在城中心，這樣就大大方便了顧客上街購物。可是在20世紀六〇年代以後，隨著人口遷移的變化，大城市裡居住著大量的低收入者，許多中產階級家庭不堪城市嘈雜、空氣污染以及交通堵塞之擾，紛紛從市區遷居到市郊，居住在城裡的人也常常在郊外度週末。

隨著這一生活習慣的變化，人們的購物方式也發生了變化。過去，人們逛街往往喜歡去市中心。但隨著高速公路的發展和完善，使假日出遊變得異常便利，很多發展商看準了這一新的消費趨勢，於是在公路邊建立了不少郊外商場。由於郊區的地皮便宜，成本較低，所以銷售價格也比城裡的低。此外，吸引城裡人前來購物的另一項優越條件，是這種大型郊外商場的免費停車場，而在城裡因為交通擁擠，一到例假日幾乎就找不到停車位，所以停車是件非常麻煩的事情。正因如此，城裡人都願意往郊外商場跑，這樣既可省下停車費，又可以買到便宜的東西，何樂而不為！

郊區購物中心的興起，符合了現代人的購物新趨勢，因此帶走了一大批沃爾沃斯的老顧客。在這一巨大變化面前，百年老店沃爾沃斯卻仍舊固守市中心發展之路，這樣的僵化思維為企業以後的失敗埋下了伏筆。

服務態度與品質跟不上

為了節省開支，沃爾沃斯不僅取消了一些必要的服務項目，還雇用了大量的臨時工和季節工，這些人大多是新移民，根本不具備專業的服務水準。公司也很少對他們進行培訓，甚至有的人連基本的會話能力都不具備，更不要說讓這些員工為顧客提供熱情周到的服務了，只要他們能弄清楚店裡貨物的具體位置就不錯了。另外，收銀員的計算能力也很差，收款時經常出錯，這使顧客在買東西時總有一種不放心的感覺。

就這樣，沃爾沃斯百貨連鎖店的生意不斷走向下坡。1993年，沃爾沃斯關閉了400家分店。到了1996年，公司竟然虧損3,700萬美元。企業雖然做出了許多努力，但終因回天無力，不得不宣布關閉它在美國的所有百貨連鎖店。

第三節

Polaroid

寶麗來，無可奈何花落去

加拿大最大的行銷公司Cossette傳媒集團的分支Cossette Post首席執行長彼得．波斯特曾一針見血地指出了寶麗來衰敗的根源：「再也沒有誰比寶麗來更有優勢，將數位攝影資本化，它最大的優勢就是快速。如果有人關注這一變化並且設法找到適合該品牌的位置，那麼寶麗來將是今天數位攝影領域裡的一支生力軍，可惜他們並沒有這樣做。」

老字號寶麗來是世界即時成像行業的先驅，是生產「拍立得」照相器材的最大企業，也是世界最早生產「拍立得」照相系統的企業。膠片產量僅次於伊士曼．柯達公司，位居世界第二。寶麗來於1937年，由發明天才愛德溫．赫伯特．蘭德與人合夥創辦。由於經營得法，公司第一年就實現了14萬美元的銷售額。經過此後二十多年的發展，「寶麗來」品牌已成為了家喻戶曉的名字。

1982年，蘭德退休，寶麗來也成為了一家資產數十億美元的巨型企業。在美國消費者的心目中，寶麗來的地位並不亞於可口可樂和福特汽車，已經成為引領美國經濟的「先鋒事業」。那麼，做為這樣一個全球知名的品牌，最後是如何敗走美國本土，進而消逝於全世界人們的視野之中的呢？

兵敗新技術衝擊

寶麗來的創立和成長，一直得益於新技術的應用和研發，但最終其沒落，也緣於不斷更新的技術。20世紀九〇年代初，當競爭對手們紛紛投入大量資金和人力研發數位影像產品的時候，寶麗來的研發人員也曾意識到公司將要面臨的挑戰，但遺憾的是，高層決策者仍把研究即時成像看成寶麗來不可動搖的核心業務，未能當機立斷致力於數位相機的開發。

當此時，寶麗來將大量的資金投入到了一項被稱為「太陽神」的醫用成像技術中。但是問題多多的「太陽神」計畫就如泥沼一樣，將寶麗來大量的人力和財力拉了下去，等到寶麗來千辛萬苦從「太陽神」中抽身而出時，柯達已經佔據了醫用成像市場，寶麗來最終不得不忍痛割棄了這一業務。

20世紀九〇年代後期，即「數位革命」來臨之際，寶麗來更是受到了極大的衝擊。與數位相機相比，一次成像的相機顯然已落伍。當時，隨著電腦、網際網路的普及，數位相機越來越受歡迎。寶麗來卻依舊死守著它的即時成像相機，二十年來不曾改頭換面，甚至連包裝都沒有變化。在數位相機研發、推向市場的過程中，寶麗來表現得非常遲鈍。後來，美國成像技術專家對寶麗來的破產做出了這樣的評論：「即時成像產品的市場極為有限，寶麗來沒有採取任何方法從列印圖片市場分一杯羹，後又讓數位照相技術的誕生給了迎頭一棒。」

儘管寶麗來也曾醒悟並做出了最後的掙扎，比如瞄準列印市場，推出了可列印手機下載的多色數位影像技術等，但為時已晚，它最終還是沒能逃脫破產的厄運。

身犯「大企業病」

在20世紀七〇年代到八〇年代前期，寶麗來被勝利沖昏了頭腦，不斷擴張規模，員工隊伍越來越龐大。在1983年時達到了1.3萬人。據統計，從1972年到1998年的二十六年間，寶麗來的銷售額從7.5億美元飛升到21億美元。推銷員也從140人增加到800人。1998年，寶麗來的管理人員就有1,000人之多。更嚴重的是，辦公人員的人數達到了推銷人員的2倍，公司管理費用佔銷售收入的37%，也就是說公司37%的行銷所得，都被行政管理部門「吃」掉了。正是由於這種情況，寶麗來喪失了應有的生機和活力，顯得步履艱難、老態龍鍾。

反擊惡意收購，背上債務包袱

1988年7月，迪士尼家族的投資公司三葉草控股公司，曾以每股45美元的價格收購寶麗來的股票，寶麗來為了避免被迪士尼家族企業吞併，便借債打官司。當時，寶麗來向銀行貸款數十億美元，企業還發行了數以億計的企業債券，採取了回購公司股票、推行員工持股方案、發行優先股等措施，對迪士尼家族予以針鋒相對的反擊。

雖然這場爭購戰中，迪士尼家族企業並未獲勝，但寶麗來公司卻因此欠下了大量債務，背上了沉重的貸款和債券利息包袱，從此陷入了拆東牆補西牆的被動局面，再也沒能從重債下緩過來。

可以說這是寶麗來走向破產的轉捩點。1991年，寶麗來在一起專利侵權案中勝訴，從柯達公司得到了9億多美元的賠償。這本是一次還清債務、東山再起的極好機會，但公司卻將這筆意外的收入用在開發新型膠捲和新一代相機上。而新產品並沒有為企業帶來更多的利潤，卻讓債務包袱愈來愈重了。

2001年10月，寶麗來及其美國子公司終因舉債過多，向美國法院申請破產保護。曾經以一次成像技術而稱雄全球數十年，有五十餘年輝煌歷史的老字號企業，就這樣轉眼間轟

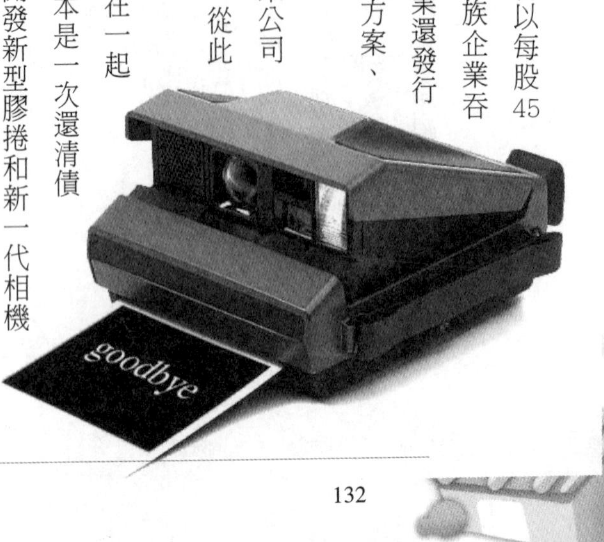

goodbye

然倒塌，為現代企業留下深刻的教訓。

專家點評：

千里之堤，潰於蟻穴。不論是產品生產技術、產品行銷策略還是企業經營管理的小小不利變化，都有可能導致一間屹立百年的老店，轉眼間消失在商場無形的硝煙之中。企業經營的時間越長，所需要面臨的問題就越多，特別是隨著歷史車輪的不斷前進，曾經走在時代前列，造就了企業早期輝煌的產品技術、行銷模式、經營管理方法，都可能成為桎梏企業發展的枷鎖。如果企業經營者不能跟隨時代發展，適時調整企業的發展方向，生產迎合大眾需求的產品，採用更新更有效的行銷模式，同時引進新的經營管理方法，提高企業整體營運效率，就很有可能敗北而去。

第二章

老字號之品牌枷鎖

俗話說「三分長相七分打扮」，老字號品牌形象無疑是在其輝煌時期，在大家心目中的一副「熟面孔」。然而經過幾十年甚至上百年老字號品牌仍然是一個樣，還是一副陳舊的打扮，就顯得老品牌老態百出，缺乏活力，特別是對年輕消費者難以產生吸引力。本章我們將結合案例，著重從老字號品牌的陳舊和品牌意識和單一品牌的缺陷方面，對老字號品牌進行審視。

第一節

倚老賣老，缺乏品牌意識

曾經叱咤風雲的MG路華汽車公司，是英國最後一家大規模汽車製造商，擁有上百年歷史的路華汽車公司，在2005年卻陷入了前所未有的危機中，正式啟動了破產程序。

令人不解的是：一個曾經有著百年歷史，且擁有英國最奪目最豪華汽車品牌的公司，它究竟是如何走向破產的呢？這是否和它缺乏創新品牌意識有關呢？

MG「路華」已經算是英國汽車工業中僅存的「民族品牌」了，所以該公司的破產在英國國內引起的強烈震驚並不為奇。路華汽車公司建於上個世紀的1904年，迄今為止已經有一百多年的歷史。它曾經在歐洲乃至世界都享有很高的知名度，但是近幾年，它的經營狀況卻十分惡劣，到了2003年，路華公司在整個歐洲的銷售比例竟然不到百分之一。儘管英國政府以及社會各界都曾經給予救援，怎奈都是回天無力，路華始終不見起色。

當然，路華破產的原因很多，但在眾多的原因中，真正起決定作用的當屬內因。近年來，路華內部的管理層一直處於動盪狀態中，加之新品牌的推出受阻，在一定程度上造成了資金鏈的斷裂。

為了挽回這一局面，路華也曾進行過大肆的改革。1994年，寶馬曾以高價將路華汽車集團收至旗下，卻依然阻擋不了路華的日益衰老。它就像一個垂暮的老人，任何丹藥也不能讓他起死回生了。

可憐的路華又必須在嚴峻的市場中競爭求得生存，於是在1998年推出路華75款，可是之後它再也拿不出迎合潮流的新車款了，而且它也沒有足夠的財力在競爭激烈的全球汽車市場上生存。當英國汽車製造商曾經無法滿足市場猛增的需求，這就為價廉物美的其他汽車製造商創造了可趁之機，各種車商蜂擁而至，這更讓路華舉步維艱了。

老字號的路華多麼想成為一個大批量產的汽車生產商啊！但它缺乏大規模營運的財力和迎合消費者的創新力。而做為一個老字號，若是想在當今激烈的競爭中求發展，品牌創新是必不可少的。而當時路華汽車的內部財務狀況已經極為混亂，它生產的汽車樣式又沒有根據時代的發展而創新，使得購買汽車的人們首選了那些樣式新穎、價格適中又具有其品牌特色的汽車，這無疑又給了路華當頭一棒，最終路華無法握住曾經的輝煌，回天無力了。

缺乏品牌經營的意識，創新動力不足，終將被市場經濟的滾滾大潮淹沒。

在現代化商業的今天，各種品牌紛繁而立，人們被眾多「品牌」吸引，眼花撩亂，倘若老字號品牌倚老賣老，缺乏創新意識，可想而知，這樣的老字號最終也將消失在我們的視野裡。

品牌單一，步履為艱

無獨有偶，美國馬里蘭州有一家玫瑰花蕾香氛公司，創立於上個世紀的1892年。這家公司製作出了當時最有名的玫瑰花蕾膏、萬用薄荷膏、草莓花蕾護唇膏等產品，深受年輕人的喜愛，它的銷售額曾經一度成為同類產品的佼佼者。

但是到了本世紀五〇年代初期，它的銷售額僅有當年的百分之二十。為什麼會有這種局面出現呢？這一切都源於這家香氛公司的管理者缺乏強烈的品牌發展意識。直到同類產品的大規模發展強大後，管理者對品牌意識才開始逐步知曉和接受，這才開始對自己的玫瑰花蕾香氛公司敦促樹立品牌意識、走品牌發展戰略。它意識到了自己不應該有單一品牌一勞永逸的觀念，於是逐步推出了同類品牌的潤膚乳、潔膚霜以及其他市場歡迎的皮膚保養品，漸漸收回了市場比例。

品牌的創立是艱難的，對於品牌的維護更是難上加難，因為一種品牌的形成，是廣大消費者反覆鑑別的結果。任何一種品牌的生存都不是一勞永逸的，稍有不慎，一個具有良好口碑的品牌就會前功盡棄，在競爭激烈的市場中被淘汰。品牌意識應該成為一種自覺的理念，而不是一時衝動。創造品牌、維護品牌也是成為老字號的關鍵，是一個長期的過程，也是與企業生存始終相關的行為。

實際上，這樣的品牌相似的老字號，多靠單一的品牌佔領市場，品牌效應多靠口碑傳承，儘管有著深厚的歷史，但發展到市場要求多元化的今天，仍然步履維艱。因為根據現代化市場的要求，若市場評價不高，品牌知名度有限，品牌拓展的廣度不夠、滲透的縱深有限，就只能是頂著「老字號」的頭銜，故步自封了。

是老字號，而非名牌；有美譽度，但知名度卻與之不成正比，那麼它依舊不是一個優秀的企業。在多元化需求的市場衝擊下，單一品牌的老字號如果只埋頭維繫舊的品牌和單一的經營模式，不尋求更多的品牌拓展，就會像那些遲暮的老字號一樣，日漸沒落的活動在經濟市場中。

好在玫瑰花蕾香氛公司的管理者已經意識到了這一點，即時對品牌定位做出了調整。如今這家老字號的香氛公司依靠不斷推新的產品，也已經贏得了同類產品的銷售冠軍的寶座，全世界的女性無不為之心動。

專家點評：

品牌屬於一種無形資產，如果老字號不自覺注重品牌的維護和發展，那麼其所發揮的作用將越來越受到侷限，最終會導致資源流失。由於老字號具有的行業性和地域性特徵，要想實現老字號的做大、做強，就必須真正做到保護和發展其原有的品牌效應。要實現這一目的，必須用現代管理科學技術實現對品牌的分析、策劃，鞏固和加深原有影響力，同時，透過規範化，明確產品定位和發展方向，從深度和廣度上拓展市場，實現品牌的保值增值。

第三章

老字號之商標癥結

老字號的商標無疑是企業頭上的一頂桂冠。這頂桂冠是老字號信譽、品質、美譽等的標誌。然而真正使用這個商標桂冠，將其戴在頭上的，卻不一定是真正的老字號企業。

例如，「同仁堂」商標在日本被搶註；「王致和」商標在德國被侵權；沸沸揚揚的「狗不理」英文名搶註……近年來，隨著知識產權意識的普及，各種老字號侵權和維權的案件層出不窮，一方面反映了老字號對自己「金字招牌」的無形價值的關注，以及自身維權意識的加強；而另一方面，卻反映出了在現代資訊社會中，老字號對自己商標的保護依然存在著的種種癥結。

商標惡意搶註風波

LACOSTE

鱷魚品牌的商標大戰早已不是新聞。享譽世界的法國鱷魚與新加坡鱷魚、香港鱷魚，他們之間的恩怨由來已久。而近年來法國鱷魚與新加坡鱷魚的較量，被業界人士均認為是鱷魚商標之爭的總決戰。在上個世紀的五〇年代初期，新加坡鱷魚公司就在包括新加坡在內的一些亞洲國家地區註冊了「CROCODILE加鱷魚圖形」的商標。到了1994年的時期，新加坡鱷魚公司像往常一樣，也在中國申請註冊鱷魚商標了，不料看似平常的這一舉動，卻遇到法國鱷魚商標在先的註冊權利障礙。原來，早在1933年的時候法國LACOSTE襯衫股份有限公司的鱷魚圖形商標就已經在法國註冊。隨著公司的不斷壯大，也出於對自己品牌的熱愛，法國鱷魚又先後分別在192個國家和地區進行了商標註冊。那時法國的鱷魚圖形商標在服裝界已具有相當高的知名度。後來市場上出現了許多標誌著鱷魚商標的商品，其中最具影響力的是香港鱷魚和中國浙江的鱷魚，以及同樣有著較高知名度的新加坡鱷魚。法國鱷魚無奈，只得把其他鱷魚告上公堂，對簿公堂的結果是，香港鱷魚、中國浙江鱷魚答應和解，並與法國鱷魚簽訂和解協定，並承諾停止使用與法國鱷魚商標圖形類似的圖案。而新加坡鱷魚憑藉自己的知名度而不願退出鱷魚的舞臺，而成為法國鱷魚最後的訴爭對象。

隨著大家對品牌意識的重視，逐漸明白了一個知名品牌對企業的重要性，一些知名的品牌商標也被國外的商人惡意搶註，如韓國搶註五糧液、一千七百多年的竹葉青在越南被搶註等。

許多的老品牌相繼遭遇了商標被搶註的噩運，被惡意搶註所帶來的後果就是，那些有著極高聲譽的品牌不得不退出了當地的市場。而「狗不理」在日本「易主」則近十多年，後來在改制的狗不理集團的努力維權下，終於與日本方的「狗不理」商品商標註冊人成功辦理了友好轉讓手續。在這短暫的十幾年裡，品牌資產在海外流失的如此嚴重，實在令人痛心。

創立於1858年的天津狗不理品牌的包子，憑藉外形酷似菊花，味道鮮美而名聲遠揚。同時也深受當年的美國總統老布希和日本前首相田中角榮的喜愛。也因為當時的「狗不理」集團和日本大榮株式有生意往來，讓日本人看到了狗不理潛在的商機。大榮株式會社在1993年擅自在日本把「狗不理」商標搶先註冊在自己名下。同時，「狗不理」商標品牌又在美國遭遇了惡意搶註。

而在商標的惡意搶註風波中，狗不理並不是第一次大意失荊州了。早在1994年和1995

年，「狗不理」商標就在日本被分別搶註在餐館與包子產品上。有專家曾指出，商標搶註是一種「國際遊戲規則許可範圍內的非善意舉動」，即這種行為並不違法，雖然搶註帶有明顯的惡意。

對「狗不理」這樣的老字號來說，造成商標被搶註的主要原因就是缺乏品牌意識。這無疑造成了老字號品牌無形資產的大量流失。而品牌原創者要想透過正常的法律途徑，索回被搶註的商標，就要經歷相當費時費力的過程。

「狗不理」被搶註的風波，再次證明了很多的老字號在商標維權、知識產權觀念方面，仍然是欠缺的，甚至可以說是不及格的。這也給我們的老字號品牌們敲響了警鐘，商標和知識產權的保護亟待所有老字號企業給予關注和重視，並積極利用法律的途徑為自己的品牌保駕護航。

商標是企業知識產權的組成部分，像「狗不理」這樣的老字號知名商標的價值，自然是不言而喻的。創立這樣一個知名品牌，起碼需要經歷數十年、上百年的風雨滄桑和不懈努力。如果「狗不理」商標再次被他人註冊，又不得不花重金贖回，這無論是在經濟上，還是在潛在的品牌信譽上，損失都是無可估量的。

第二節

註冊商標的保護和維護

近年來，商標之間相似是商標糾紛在市場競爭中最普遍的現象，鱷魚商標大戰是若干年來的經典「近似」戰例。還記得那個右邊酷似讓人咬掉一口，單片葉子朝右上角翹起的一個蘋果圖案嗎？這是美國蘋果電腦公司在電腦以及相關領域的標識。這個讓人喜愛的蘋果，也沒逃脫過被惡意侵權的命運。

蘋果電腦公司向中國商標局申請註冊「蘋果圖形」商標，並指定其商品為服裝、鞋、帽等，不料中國商標局卻駁回了它的這一註冊。原因卻很簡單，曾經有另一家公司已經註冊了一個沒有缺口蘋果商標。兩商標主要區別就是美國蘋果有一個缺口，構成近似商標。於是美國蘋果公司一紙訴狀把那家註冊蘋果的公司告上法庭。目前此案件正在審理中。

曾在「中國知識產權第一案」裡以1元勝訴的內地老字號王致和公司，於2006年進軍德國市場的時候發現，其腐乳、調味品、銷售服務的三類商標已被一家名為歐凱（OKAI）的德國公司搶先註冊。這家由德

籍華人開辦的公司曾經是王致和產品在德國的合作商。顯然，這是明顯的惡意搶註行為。王致和商標在被搶註後，該企業面臨著兩種選擇：一是不奪取商標專用權，那就即將面臨被訴訟侵權或者被迫退出德國市場的危險；二是奪回商標的專用權，這樣一來則需要在海外花費和付出巨大的代價。

儘管代價巨大，王致和集團毅然決然選擇了與之對簿公堂。並根據德國《反不正當競爭法》和《商標法》等相關法律，向德國的慕尼黑法院提出了上訴，以求奪回商標的專用權。王致和公司也因此踏上了艱難的維權征途。

德國和中國同是《與貿易有關的知識產權協定》及《保護工業產權巴黎公約》這兩個知識產權保護國際公約的成員國，理應共同遵守公約和協議的條款。此後當事雙方在法庭上，就是否存在惡意搶註、商標版權、是否存在不正當競爭行為等問題，進行了激烈辯論。最終，法院判王致和集團公司勝訴，歐凱公司停止使用「王致和」商標，並撤銷了他們的搶註。

王致和的勝利無疑為老字號的商標維護樹立了一個好榜樣。而且，雖然王致和在海外維權的過程中，花費了大量的人力、物力，但它卻無形中成為了人們關注的焦點，並為中華老字號海外維權做出了良好的榜樣，無意中提升了王致和的海外知名度。

目前來看，許多的老字號已經意識到了品牌的重要性，嚐過苦頭的王致和已經先後在40

多個國家註冊了商標，並成立了國際貿易部門。「松下」前後在130個國家註冊了1.3萬件商標，「聯合利華」的註冊商標高達7萬件。有了良好的品牌保護意識，相信這些老字號可以走得更遠、更好。

專家點評：

註冊商標做為打造品牌的一種保護手段，在保護了企業利益的同時，也為一些投機分子製造了牟取暴利的機會。當面對著商標遭受惡意搶註的時候，老字號該如何維護自己的利益，是一個需要思考的問題。隨著法律法規的建立健全和全球化浪潮的席捲，老字號更應該注意熟悉相關法律法規，樹立品牌保護意識，保護自己的權益，才能為消費者提供更好的服務。

第四章

老字號之經營理念的毒瘤

老字號是歷史發展過程中呈現出的精品企業。它們在發展過程中必然累積了許多屬於自己的獨特經營信條，並形成了一些習慣性的經營模式和理念，這也是其特有的企業文化傳統的構成部分。但在市場化經濟的衝擊下，這些舊有的經營傳統到底是財富還是包袱，在企業轉型過程中是良藥還是毒瘤，是企業發展的驅動力還是絆腳石，還有於待我們認真探究。

第一節

百年印刷業的失算

Alden集團是一個久負盛名的百年印刷業老字號。近年也沒有逃脫被人收購的厄運。這個擁有百年文化底蘊，歷經風霜的老字號的隕落，不免讓人扼腕，其中的教訓更是讓我們警醒。那麼，這個享譽世界的老字號為什麼會走到今天這個地步呢？

抱殘守闕，缺乏創新

Alden集團多年來都在仰仗老字號的威力。百年來產品樣式變化緩慢，產品品質停滯不前，嚴重導致了其創新活力不足的現狀。

當年的Alden集團的印刷業，在同行類的競爭中，誰都不能與之相媲美，但在新工藝領域內，Alden集團卻落伍了。

商務發展研究中心的一位人士認為，Alden集團之所以出現目前這樣的窘境，主要是因為產品創新意識差，並且缺乏品牌的提升和保護意識。這位人士認為，Alden集團存在的最嚴重問題就是不懂得創新，從工藝到技術幾十年甚至幾百年都是老面孔。

傳統單一的經營模式

在經營方面，Alden集團推崇「酒香不怕巷子深」的理念，因為自己的產品是悠久的老字號，所以他們慣用傳統單一的經營模式，沒有積極地去培育和開拓市場，也不擅長採取有力措施吸引新的顧客，以及刺激顧客的潛在需求和持續購買能力，結果導致了生產與銷售嚴重脫節。

對於品牌的宣傳，Alden集團堪稱「一毛不拔」。以該集團的規模，其廣告總共投入也不過是區區幾萬元資金。正是因為Alden集團忽視品牌宣傳，最終嚐到了「閉門造車」的惡果。曾有人將其與後來居上的瑞士軍刀做過比較，認為後者在經營模式上，更具成為現代市場競爭者的代表的實力，而Alden集團則註定會被淘汰。

Alden集團的破產並非偶然。它這種傳統單一的經營模式，已經暴露了許多老字號品牌共同存在的問題：它們認為，老字號的招牌就是一手「絕活」；它們憑藉這一手絕活打拼出天下，贏得了輝煌，這些是其傳家之寶，不能丟棄，也不思革新。等客上門的傳統單一經營模式，更是這些頂著金字招牌的老字號們的「富貴病」，最終成為發展的頑症，導致了它們的衰敗命運。

第二節 陳舊的家庭作坊式經營模式

在老字號的企業模式中，最常見的是父業子承的家族式、家庭式作坊經營。這種模式通常有老字號的獨特「祖傳祕方」或核心技術。由「父帶子」、「師帶徒」的形式，傳承傳統工藝的技藝，也是老字號的特色之一。然而在當今社會，這樣的舊式作坊經營模式始終侷限在狹小的空間裡，制約了企業的發展，經營理念已經跟不上時代發展的步伐了。

絲綢文化在中國有幾千年的歷史，而大多絲綢的老商號規模都比較小，成本比較低，因此在絲綢製造生產中只會生產熱銷的品項，對於沒有把握的花色和品項就不予以嘗試。絲綢行業的老字號「謙祥益」就是靠傳承絲綢手藝進行經營的零售商。它是孟氏家族的企業。民國初年的《山東各縣鄉土調查》中曾有這樣的記載，「章丘風俗素有經營商業之特長，所有濟南商號，為該縣經營者十居七八，資本最雄厚的是章丘舊軍鎮孟氏家族財團。孟氏的發跡史可上溯到三百年前清康熙年間。到19世紀末，孟氏開設的祥字型大小商店包括綢布店、茶葉店、鍋店、金店、錢莊、當鋪等等，遍及濟南、周村、青島、北京、天津……」其中的綢布店中就有謙祥益。

謙祥益對顧客實行區別對待的政策，店員們善於對顧客察言觀色。顧客是官宦、富貴主顧的，便招待進後堂，侍菸奉茶，將所需的商品由店夥取來，任顧客一一挑選，百挑不厭。對尋常百姓也不馬虎，不過較前者略遜。它們以「信」為本，講究「言不二價」、「貨真價實」、「童叟無欺」，貨價比同行略低，並保證沒有殘次假貨，因而有很好的「老字號」信譽。

但是時代在發展，企業只有跟上了時代的腳步，才能有所發展，在各式各樣的產品層出不窮的今天，謙祥益卻仍然保持著傳統的舊式作坊式經營，沒有完整的供應鏈，品項取決於生產商號，創新能力非常弱。像它這樣的私營紡織業考慮的往往是近期效益，根本不會投入成本去研發新品。而且，這樣的老字號企業在長期的歷史發展中，形成了自己獨特而穩定的經營模式，從生產工藝、企業理念、服務標準，甚至員工信念上，無不滲透著老字號所特有的歷史遺風，於是往往為了保持自己的傳統而怯於求新。對這些靠家庭作坊式經營的老字號個體經營者來說，如果無力背負日益增加的經營成本，又不能尋求新的生產模式和管理制度的話，就可能造成倒閉的局面。

第三節 不顧後果的盲目擴張

1951年，32歲的和田一夫成了八佰伴真正的掌舵人。當時八佰伴的總資產約1,000萬日圓。

從1966年起，八佰伴以平均一年1個分店的速度開始擴大連鎖，進而使八佰伴在日本有了一定的實力。當日本市場的競爭趨於飽和時，和田一夫決心把目標瞄準海外。

1971年，八佰伴巴西首家分店開幕，擴建後一舉成為聖保羅市最大的百貨商場。20世紀八〇年代，八佰伴在臺灣桃園、中國香港、英國倫敦、美國洛杉磯、紐約，以及東南亞的新馬泰、印尼、汶萊都開設了分店。

1986年3月，八佰伴百貨公司在日本東京證券交易所上市，打通了資本市場的融資管道。此時的八佰伴已經成為百貨業的成功典型，總資產82億日圓，在日本國內擁有82家店，在海外的巴西、美國、新加坡、香港、哥斯大黎加等地擁有12家大型超市，員工6,000人。1990年5月，八佰伴國際流通集團總部由日本遷往中國香港，隨後更名為「八佰伴國際集團」，開始加速八佰伴的國際化投資。

透過急遽的商業擴張，八佰伴在破產前的十年中，成為日本在亞洲的頭號海外商業。其百貨超級商場遍布日本、巴西、美國、新加坡、中國香港、馬來西亞、汶萊和中國內地。全盛時期，八佰伴擁有員工近3萬人，在世界上16個國家和地區擁有450家超市和百貨店，年銷售額達5,000多億日圓。

一時間的成功，使八佰伴的決策者開始盲目樂觀，並開始了不切實際的擴張。如計畫建造亞洲最大的百貨，在中國設立1,000家連鎖店等，實際上，當時的八佰伴並不具備這樣的實力。20世紀八〇年代中後期，正是世界經濟的調整階段，世界上大多數企業也處在休整期，而恰恰在這一時期，八佰伴不顧經濟形勢的變化，到處設立分店，盲目擴張。

從1990到1996年短短的幾年時間裡，八佰伴在中國內地的零售點由零擴展至50多處。但那幾年由於內地的經濟發展比較緩慢，導致了消費疲軟，連鎖店的營業額也不斷減少，可是，他們卻還在不斷地投入營運資金，結果使集團的財政狀況每況愈下。最後，八佰伴只能依靠信貸維持高速擴展，信貸利息由1993年的8,500萬元增至1997年的1.006億元，其佔利潤的百分比由24%躍升至49%。八佰伴因急速擴展業務，給企業帶來了沉重的利息負擔。

在急速的擴張過程中，八佰伴又背離了原來的超市路線，不僅不斷改變經營手法，且在產業市場上進行了大額投資。在遇上金融風暴時，這些產業都變成了負資產，無奈之下，集團被迫拖欠貸款以維持經營。但由於市場經營持續不景氣，使得集團拖欠的款項越來越多，最終踏上了結業清算的不歸之路。

八佰伴的破產，除了盲目擴張外，在投資策略上也存在著很大的問題。有人說，八佰伴沒有一個把什麼貨賣給什麼人的明確經營戰略。在向海外進軍的過程中，八佰伴一會兒以日僑為對象，一會兒又以當地人為對象，在兩者間的搖擺反而使得它失去了優勢。

而且，八佰伴不僅不斷地改變其銷售對象，還在不斷地改變其經營手法，經營策略的失誤，更加速了它的清算。百貨業經營都有其自身的規律，一般來說，百貨業從開店到開始盈利需要六年左右的週期，而且並不是所有陳列出來的商品都是暢銷的，其中不少是流轉速度極慢的商品，既佔壓資金，又欠缺效益，可是，八佰伴的經營者卻忽視了這些市場規律，只一味地奉行業期的發展模式，盲目擴充店鋪數量，結果在泥沼中越陷越深。

另外，忽視培養，管理人才嚴重匱乏，也是八佰伴集團走向失敗的重要原因。由於過於注重外部的擴張速度，八佰伴忽視了內部管理的跟進，使得管理出現真空。再加上缺乏管理人才，致使內部許多環節管理失調，導致採購的商品價格上漲，競爭力嚴重受挫。而且，八佰伴集團屬於家族式經營，經營決策上往往高度集中在一人身上。這種陳舊而缺乏活力的經營管理方式，與現代化、大規模的百貨業發展要求極不相符。後來和田一夫在回憶八佰伴破產的時候也承認，家族式的管理已經不利於企業的發展，因為時代的進步需要更多的頭腦來武裝企業。

除此之外，未與銀行建立良好的關係，也是八佰伴集團走向破產的一個因素。在業務擴張過程中，八佰伴缺乏與銀行的緊密合作。日本的企業大多實行主力銀行制度，主力銀行制度的最大目的，就是當經營出現經濟危機時，能夠獲得來自銀行的資金支援，但八佰伴似乎非常討厭這種間接資金調控方法，只在表面上維持與主力銀行的關係，私下卻不做保全工作。「八佰伴日本」直接在金融市場發行沒有任何銀行擔保的公司債券，直接在市場上吸收資金，結果這一舉動得罪了一直與其長期往來的主力銀行，當「八佰伴日本」資金流通不暢的時候，其主力銀行採取了袖手旁觀的做法。董事長和田一夫曾向身邊的親信說過，「公司是被銀行擠垮臺的」。

「本來就是從零起步，最多就是回到零的起跑線上」，和田一夫的處世理念助他實現了打造企業巨艦的夢想，但也正是這一處世理念，使其盲目擴張，最終導致了失敗的結局。

老字號曾沉澱了百年歷史，大浪淘沙，他們中的一些有的慘澹經營，有的淡出人們視野，早已「老去」，需要去拯救。還有一些，承受住了歲月的考驗和磨練，正以一顆年輕的心傳承著經典的經營理念。

追根究底，老字號的衰落大都因為其缺乏創新能力，難以打開廣闊的領域，融入到人們的主流生活中。一個品牌能否成為百年老字號，關鍵要看創新，看它是否老樹發新枝，不斷呈現出新的活力。

專家點評：

老字號要謀求生存，煥發新的生機和活力，就必須擺正自己的位置。多角度、多方位評估自己的處境。擺脫單一經營理念、陳舊經營模式、盲目擴張和故步自封等弊病，在保留原有優勢的基礎上，進行行之有效的創新。社會在發展，人們的意識日新月異，只有不斷滿足大眾新的需求和觀念，才能打開更廣闊的領域，走入主流生活。同時，在與時俱進的基礎上，要充分瞭解自身的能力及所處位置，避免過於激進的變革，應循序漸進，把創新落到實處。

4

第四篇

嚴霜結庭蘭——老字號之艱難轉型篇

每一個企業在經營過程中都會碰到難題，遇到危機。做為一個老字號，要想長久的生存下去，就必須具備解決難題、化解危機的能力。當企業處於艱難時期，一定要有破冰斬浪的勇氣，要根據形勢勇於創新，勇於改革，樹立起自己的品牌形象。下面，我們將從一些老字號在持續創新、品牌重塑、經營改革方面獲得的成功中，汲取一些有益的經驗。

第一章

老字號之危機管理

「智者千慮，終有一失」，商機和危機是無所不在，無時不有的。然而，許多老字號企業卻沒有一個正面危機的意識，更不用說有一套處理危機的方案了。事物也具有雙面性，也可以說，危機也是一把雙刃劍，處理得好會有利於提高企業的知名度，並且透過危機能看到企業自身的不足和漏洞，由此發現新的商機，處理得不好，後果不堪設想。

在西方國家的危機管理教科書中，通常會把危機管理稱之為危機溝通管理。這更說明，在危機突發時，加強資訊的公開、透明並能與公眾進行主動、良好的溝通，盡可能爭取公眾的諒解與支持才是危機管理的基本對策。

第一節

轟然倒塌的老字號

LEHMAN BROTHERS

雷曼兄弟的終結

老字號的創立非常不容易，它們凝聚著幾代人的心血和奮鬥。然而，因為危機事件處理不當，老字號在一夜之間破產的卻不鮮見。如今因為各種原因，已經倒閉了的老字號比比皆是，它們也成了企業危機管理的樣本和教訓。

美國的雷曼兄弟公司創立於1850年，擁有員工12,000人，是美國第四大投資銀行，也是全球最具實力的股票和債券承銷與交易商之一。另外，雷曼公司還曾擔任全球多家跨國公司和政府的重要財務顧問，並擁有多名業界公認的國際最佳分析師。

然而，現在的雷曼兄弟幾乎已經成為了破產的代名詞。在這次全球爆發的金融危機下，雷曼兄弟因為投資房貸產品不當而蒙受了巨大損失，成為金融風暴裡隕落的一顆最耀眼的星星。

而雷曼兄弟破產的最終原因是什麼呢？由於市場信貸環境日趨惡劣，雷曼兄弟無法從市場上獲得足夠的運作資金，加上做為結算銀行的摩根大通，在關鍵時刻抽走了幾乎是雷曼全部剩餘流動資金的50億美元做抵押，雷曼想不破產都不行了。

那麼其破產的內部原因又是什麼呢？一是它沒有任何經驗就進入自己並不熟悉的業務領域，而且由於業務集中而發展太快。做為一家頂級銀行，雷曼兄弟在很長一段時間內都注重於傳統的投資銀行業務（證券發行承銷、兼併收購顧問等）。在上個世紀九〇年代後期，隨著固定收益、金融衍生品的流行和交易的飛速發展，雷曼兄弟也大力拓展了這些領域的業務，並取得了巨大的成功，被稱為華爾街上的「債券之王」，但由於雷曼缺乏多元化發展和應急方法，還是為破產埋下了伏筆。曼雷兄弟在亞洲的生意擴張很快，但存在業務的不熟練的問題，那麼虧損必然是自己的責任了。同時，雷曼兄弟也是很多家華爾街公司的競爭對手，這次的危機，雷曼兄弟沒有躲過去，一部分原因就是他們不願對雷曼出手相助，二是雷曼曾經不顧一切大量吞食次貸危機中的房地產市場，還有對其他領域的不良投資，過低的風險評估，追求高額利潤，最終拖垮了這家老牌的投資銀行。

蒙哥馬利—沃德商城的倒場

美國學者菲克普在《危機管理》一書中，曾對《財富》雜誌排名前500強的企業專項調查顯示，80%的500強企業都不同程度地面對過危機事件和危機時期。這也就意味著現代企業面對危機，就如同人類面對死亡一樣，已成為不可避免的事情。

但是，長期以來，企業對危機管理沒能夠引起應有的重視和研究。一些老字號品牌普遍缺乏危機管理的意識，更缺乏處理危機的經驗。有句稍微刺耳的話叫「成功時得意忘形、危機發生時手足無措」，恰恰是很多企業最真實的寫照。

在美國，破產的企業幾乎每天都有，但是美國零售鉅子蒙哥馬利—沃德商的破產卻引起了巨大的轟動。蒙哥馬利—沃德公司創建於1872年，擁有420家百貨市場和28家小規模連鎖店，年銷售收入達58億美元之多。但由於對企業危機的疏忽，該企業逐漸出現了虧損，就在近幾年，虧損額日漸增多。已有125年歷史的蒙哥馬利公司，抵住了美國三〇年代初期經濟大蕭條的衝擊，卻未能在經濟狀況良好的今天站穩腳跟，這深刻的反映出了企業危機意識薄弱的一面。

一百二十七年前，艾倫．蒙哥馬利．沃德在芝加哥開設了一家商店，這個商店主要郵售商品，它的3.24萬美元資金來自於沃德與他的妹夫。當時他們只是把自己的商品列了一個清單，並告訴顧客怎樣用一張訂貨單訂貨，僅僅過了兩年，他們經營的商品價格表就已經成為了小冊子，短短幾年內艾倫．蒙哥馬利．沃德擁有的商品項就已經超過了一萬。

艾倫．蒙哥馬利．沃德的成功，主要因素是他的擔保銷售：如果消費者對自己郵購的商品不滿意時，可以免付任何費用退換。

累積了資金的艾倫．蒙哥馬利．沃德，開始嘗試批發商品的生意，這種方式主要用來處理過多的存貨和舊貨，但碰巧那時正趕上美國的經濟蕭條，艾倫．蒙哥馬利．沃德的批發生意以失敗告終。那一時期，艾倫．蒙哥馬利．沃德心灰意冷，不過一件小事使沃德的壯志又被激發出來了。一個顧客在郵售分理處想購買鋸條，但是分理處的規定是沒有零售，分理處人員只好告訴他沒有鋸條。於是那人大吵大鬧，分理處經理只能無可奈何地把樣品賣給了這位顧客。結果那位顧客洋洋得意地對別人說：「只要他有商品就不敢不賣。」一消息一經傳出，前來購買單個商品的人就多了。

利潤是最有說服力的事實，艾倫．蒙哥馬利．沃德馬上接受了這一行為，並發現到它的價值。於是轉而艾倫．蒙哥馬利．沃德開設了多家零售商品的店面。這些店面為他增加了不菲的收入，並讓他在零售行業越做越大。

當美國又一次陷入經濟蕭條時，艾倫．蒙哥馬利．沃德為保持和建立龐大的現金儲備，過度強硬地削減了開支，把所有的支出降到最低程度。過分苛扣員工的薪水讓員工感到他們受到了不公正的待遇。員工鬧罷工，高層管理人幾乎同時辭職，這讓艾倫．蒙哥馬利．沃德的事業一再停滯。

一家公司若要生存，不能故步自封，要讓員工看到公司一旦興旺，他們便能從中得利，這樣才能贏得員工的支持，樹立良好的企業形象。其次，公司必須改變戰略以適應變化，對待執行上的失誤要認真反思。對任何公司來說，獨裁統治都是行不通的，獨裁就意味大事小事均靠唯一的決策者做出正確的判斷，這顯然是不可能的。

可是，當艾倫．蒙哥馬利．沃德對上述問題有所體悟，重新採取進取的策略時，已經為時已晚，公司苛刻員工的行為被傳揚了出去，使得公司的聲譽一落千丈，加上人才的流失，這些過失再也無法彌補了。

危機能暴露企業的弱點和缺陷，也能暴露組織機構的乏力、承受能力不強。在整個危機中，蒙哥馬利－沃德企業缺乏強而有力的指揮系統，不僅沒能總攬危機全局，更沒能把握危機發展走勢，有條不紊地展開有效引導，進而導致企業自身的危機處理蒼白無力，缺乏應有的主見和能動性，最終沒能夠有效控制事態的不斷擴大、升級和蔓延。

儘管資訊技術的發達使我們能夠更多也更全面地掌握各方面準確的資料，也使得我們的企業能更多地深入市場前端，但資訊的高度發展，同樣將使企業面臨的環境更為複雜。像蒙哥馬利－沃德商之類的事件，尤其是知名品牌，提醒我們更要有預先的危機預案，不至於在危機發生時，沒有任何抵禦的能力。如果對各種突發的危機事件處理不當，就有可能使一個正在走俏的品牌一下子跌入冷宮，甚至就此消失。

著名的墨菲法則認為：任何可能出錯的地方，都會出錯。只有積極地正視危機和危機管理，樹立危機管理的意識，建立危機預警系統，提高危機管理水準，才能有一個真正成熟和完善的企業管理系統。危機管理的預警系統應該包括這四個方面：一是組建一個具有較高專業素質的品牌危機管理專門部門，透過制訂或審核危機處理方案，清理危機險情，一旦發生危機可以即時加以遏制，減少可能產生的危害；第二是建立高靈敏度、準確的資訊監測系統，即時收集相關資訊並加以分析和研究，清醒捕捉危機徵兆並預測各種危機情況，為處理潛在危機制訂相對的對策及方案；第三，必須建立品牌自我診斷制度，對企業自身的薄弱環節，即時剖析和監察，必要時採取措施予以糾正，從根本上減少可能誘發危機的可能；四是開展員工應對危機管理的教育和培訓，增強企業內部危機管理的意識和技能，一旦發生危機，企業內部人員需要具備較強的心理承受能力和應變能力。才足以冷靜地面對危機、理智地解決危機。

第二節

防患於未然的日本佳能

Canon

美國《時代》週刊1997年度的風雲人物——英代爾公司締造者安迪·格魯夫——這位世界資訊產業的鉅子在功成名就之後，將他取得輝煌業績的原因歸結為四個字：「懼者生存」。對一個企業來說，最好的反敗為勝方式不應該是當企業遭受了重大的損失後，再去挽救，而是應該在危機出現之前，也就是萌芽階段，就採取果斷有效的措施，防患於未然。時刻保持危機意識是增強企業生命力的第一步。對一個企業來說，他的工作不單單是指今天，而主要是考慮明天，在激烈的市場競爭中不僅僅要制訂長遠的計畫，還應在長遠計畫的指導下，制訂出相對的短期計畫。在這方面，老字號日本佳能公司可以說是成功的典型。

日本佳能公司是一家以生產照相機為主的企業，在1955年以前，由於公司基本上都是實行單一生產和經營，因此業務發展非常緩慢。1955年以後，公司決定進行多元化經營，於是，便投入到電子電腦及一般影印機的生產中，進而使公司的業務開始了高速的發展。

其實，佳能在剛開始搞多元化經營時，處境並不是太好，在1975年公司甚至還出現了赤字現象。對此，佳能決策者對全公司的生產和經營進行了全面的分析，查找赤字的原因，最後發現，公司在研究開發乃至生產方面都十分強勁有力，只是在銷售、服務及市場調查方面顯得很薄弱。

找到問題之後，公司決定從1976年起實行「母體組織經營」策略，即採取均衡研究、開發、生產、經營的有機聯繫，形成一個立體交叉形式發揮各自的機能。策略調整之後，佳能在接下來的五年中，成功地使營業額增長了近4倍，利潤增加了13.3倍。到1983年，營業額高達3,740億日圓，利潤為317億日圓。

佳能之所以能取得如此好的業績，究其原因，主要有以下幾個方面：

一是公司改變了重生產輕銷售的做法。佳能不僅建立了多元化的銷售體制，為了適應多樣化顧客的需求，還建立了銷售服務體制。這樣，就可以使公司能經常與顧客面對面地直接接觸，獲得第一手的資料，進而促進普通紙影印機、日文文書處理機、傳真機、電動打字機的生產和銷售。

二是公司勇於進行技術投資。佳能投入的技術開發費約佔總營業額的8%左右，並且集中於組合光學、精密機械、電子科技的複合技術，這樣就增加了產品的技術含量，提高了產品的品質。

三是佳能在確立多元化經營策略的同時，把國際市場做為了自己的目標。尤其是在影印機的銷售方面，當日本大多數的同行還處在依靠委託製造或國內出口商接單的時候，佳能公司已經直接向海外銷售產品了，並獲得了國際市場的認可。由於這個策略的成功，佳能的營業額有70%以上來自於海外市場。

正如微軟之所以能雄霸天下，最重要的一點就是具有強烈的危機意識，比爾·蓋茲的一句名言就是「我們離破產永遠只有九十天」。我們的企業在未來將面對更多的國際競爭，所有的企業都將面臨不同的危機，要想在危機中生存與發展，就必須像老字號佳能公司一樣具備強烈的危機意識。企業沒有危機意識才是最大的危機，只有具備了強烈的危機意識，才可能在危機來臨時「化危為機，轉危為安」。

對危機的認識和正確面對

隨著現代商品社會的發展和企業經營環境的變化，企業隨時都有可能掉進危機的泥坑。即使是經歷過幾百年風雨吹打的百年老店，危機也會像幽靈一樣在他們周圍遊蕩：強生系列嬰兒用品曾被發現含石蠟油成分、聯合利華的「立頓」即溶茶包曾被發現含有超標氟化物、肯德基調味料中發現蘇丹紅一號成分、雀巢奶粉碘超標事件……現代企業的經營危機已不再是話題，但如何應對它，才是最關鍵的問題。

1999年6月，一直以穩健形象著稱於世的可口可樂公司，就經歷過一場嚴重的危機事件。6月14日，比利時有40名小學生因飲用可口可樂飲料而出現中毒症狀，之後，又發現在波蘭市場上銷售的可口可樂公司礦泉水的包裝上有黴菌，這兩件事震驚了整個歐洲。然而，對於此次危機，可口可樂公司的處理過程卻十分遲緩，而且對顧客的態度也缺乏誠懇，結果使可口可樂公司在歐洲市場上的形象受到了極大的損害。法國《新聞觀察》雜誌曾氣憤地寫道：「一個每年掙取1,150億法郎的公司，佔了全球最廣泛的市場，怎麼能做出如此反應呢？企業理念已充滿了如此多的對品質的迷信，以致於它的領導階層已不知謙遜為何物了。」由此可見，危機處理是否得當，對一個企業而言，是一個非常嚴肅的問題。

一個企業有了危機意識，也不能高枕無憂。還要有一套機制，使之能夠有程式化的快速反應過程，有決策、有預案、有儲備、有應對危機的實力和能力，這樣，企業才能夠在危機來臨之前有力量擺脫危機，或當危機到來之時，有力量使其損失降至最低，並能趨利避害、轉危為安。老字號美國詹森聯營公司，可以說是一個應對危機的典範。

美國詹森聯營公司已經有100多年的歷史，而「泰諾」是詹森聯營公司生產的用來治療頭痛的止痛膠囊商標。這種膠囊在美國賣得非常好，每年銷售額達4.5億美元，佔公司總利潤的15%。1982年9月，從芝加哥傳來消息說有人因服用「泰諾」止痛膠囊而死於氰中毒。開始報導是死亡3人，後增至7人。隨著媒介的傳播，據說在美國各地有25人因氰中毒死亡或致病。後來這一數字竟增至2,000人（實際死亡人數為7人）。這些消息使服用「泰諾」膠囊的消費者大為恐慌，各醫院、藥店也紛紛把它掃地出門。當時的民調顯示，表示今後不再服用此藥的服藥者達到94%。詹森公司面臨著一場生死存亡的巨大危機。

事實上，對回收的幾百萬粒膠囊做過化驗之後，公司發現只有芝加哥地區的一批膠囊中有75粒受到氰化物的污染（事後查明是人為破壞）。但面對這一嚴峻局勢，詹森公司採取了緊急措施：公司馬上成立了一個危機處理委員會，危機初期，委員會每天開會2次，對如何處理「泰諾」事件進行討論。雖然只有極少量膠囊（75粒）受到污染，但公司毅然決定立即在全國範圍內收回全部「泰諾」止痛膠囊（五天內完成），價值近1億美元。這一決策立即受到輿論的廣泛讚揚，《華爾街週刊》曾讚道：「詹森公司為了不使任何人再遇危險，寧可自己承擔巨大的損失。」公司還敞開大門，積極配合各方的調查，並即時向公眾公布檢查結果。

正是由於詹森公司對「泰諾」事件採取了一系列正確的決策，才使自己贏得了公眾和輿論的支持，使公司信譽的損失減少到最低程度，為「泰諾」重返市場打下了良好的基礎。

對企業來說，危機時時存在，危機意識不可鬆懈，健全危機管理體系，即時有效地整合媒體進行危機公關，才能在關鍵時刻巧妙地化解危機。正如人們所說的：一個優秀的企業越是在危機的時刻，越能顯示出它的綜合實力和整體素質。詹森公司在事件之後的一連串公關策略，正好顯示出這個百年老字號的巨大魅力。

做為一個企業，在遇到危機時，絕不能聽天由命，應該立即調查情況、制訂計畫以控制事態的發展，並立即成立危機處理小組，對危機的狀況做一個全面的分析，必須將問題弄清楚，因為這是企業採取補救措施的直接依據。企業應該把危機的真相盡快告知媒體和公眾，只有公布真相後，才有可能避免公眾的各種無端猜疑和流言的產生。誠心誠意才是企

業面對危機最好的策略。在某些特殊的危機處理中，企業與公眾的看法不一致而難以調解時，企業要善於藉助公證性和權威性的機構來幫助解決危機。在很多情況下，權威意見往往對企業危機的處理能夠起決定性的作用。最後，企業還要做好善後處理工作。只要顧客是由於使用了本企業的產品而受到了傷害，企業就應該在第一時間向公眾公開道歉以示誠意，並且給予受害者一定的精神補償和物質補償。對於那些存在問題的產品應該不惜代價迅速收回，以顯示企業解決危機的決心。

在充滿變數的商業社會中，危機管理已成為企業管理的重要一環。如何防範和應對危機事件，那些老字號給予了我們許多成功的經驗，也給予了不少失敗的教訓。讀經驗，驚心動魄；探教訓，不寒而慄，所以，不僅要善於學習別人成功的經驗，更要善於借鏡別人失敗的教訓。危機觀對於一個企業，不是感嘆，也不是自我警示，而是一門切切實實的必修課。

專家點評：

危機是現代企業無法迴避的課題，消費者訴訟、產品召回、服務糾紛等頻發的危機，使得企業的正常營運面臨前所未有的挑戰。不可否認，企業的生存環境日趨複雜，這是一個危機四伏的年代，那麼，危機來臨時，如何從容應對，化險為夷？老字號，大多處於直接面對消費者行業，在這種情況下更加需要具備處理危機的能力。針對自身產品特徵，提前設計各種危機對策，當危機來臨時，能夠迅速有效的抓住時機，和媒體進行良好溝通，傳遞正確資訊，引導輿論，都是企業所需要具備和完善的應對手法。

第二章

老字號之持續創新

如果打開老字號的網站，許多老字號自我介紹的第一句話就是告訴你，這個老字號已經具備多少年的歷史。這是它們的驕傲，但有時候，正是由於這樣的「老」，才使一些企業缺乏創業的熱情精神，它們不知道自己已經是一副老態龍鍾的形象。而當我們每天喝可口可樂時，沒有人會覺得這個品牌已經有一百多歲，它「隨時隨地讓你為之精神一振」的品牌承諾，讓人感到充滿熱情，永遠年輕而有活力；當我們喝雀巢咖啡的時候，往往被它時尚的迷人氣氛所陶醉，也沒有人會覺得它會有一百多年的歷史。現代品牌應是一棵常青樹，品牌越悠久，文化底蘊越深，歷久彌新，形象越應鮮亮，為此，就讓我們透過幾棵「常青樹」的年輕和活力，為我們的老字號們「撣撣塵」吧！

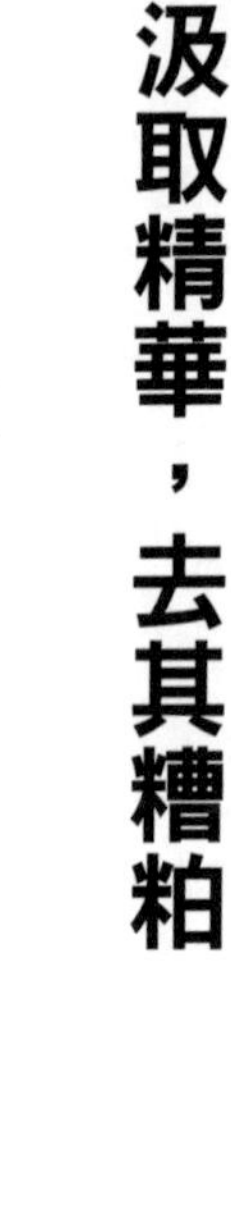

汲取精華，去其糟粕

對有進取心的企業而言，「百年老字號」始終是他們揮之不去的夢想。具有一百四十一年歷史的雀巢，至今還在不斷的成長、不斷的前進，成為世界第一的食品品牌。綜觀其百餘年的發展，成功的核心就是持續的改良與創新。雀巢把創新解釋為創造新的產品和工藝，改良則是不斷改善產品和技術，但是做為一個老字號，雀巢原執行總裁彼得·布雷貝克（Peter Brabeck）卻又提到：「關鍵的一點是，雀巢堅持了自己的原則。我們制訂了一份文件，明確指出，無論環境怎麼變，有些方面永遠不能變，我們稱之為『不可觸禁區』。」

知道什麼需要改革，還要知道什麼不能改革，雀巢就是在不斷的「取其精華，去其糟粕」的過程中，延續自己的百年夢想，從一個生產嬰兒食品的鄉村作坊，發展成全球最大的食品及乳製品公司。

雀巢在全世界不僅只是即溶咖啡的代名詞，還是嬰兒營養食品、奶品、糖果、霜淇淋、飲用水和寵物食品等的象徵，在這些產品系列中雀巢品牌均名列前茅。在世界上的許多國家，你都可以看到雀巢的數十種產品，包括：奶粉、液體奶、優酪乳、嬰兒配方奶粉、嬰兒米、麥粉、甜煉乳、成長奶粉、早餐穀物、即溶咖啡、奶精（植脂末）、霜淇淋、巧克力和糖果、瓶裝水、飲品、雞精和調味品等等。經歷了3個世紀的風雨，雀巢從瑞士一個生產嬰兒食品的鄉村作坊，到今天遍布五大洲80多個國家的500多家工廠，憑藉在食品行業裡的領先地位及其營養專家的聲望，已發展成為一個擁有一百四十多年歷史的全球最大的食品以及乳製品公司，產品銷往世界的每一個角落。

企業的精華，在於維護消費者的信任

「企業也跟人一樣，有些企業像20歲的妙齡少女，她自然需要不停地求新求變；而我們的企業更像40歲的慢跑者，他需要的是穩重和給人信任感。」在雀巢的企業理念中，雀巢做為一個與食品飲料有關的企業，它需要的是與消費者建立一種信任關係。但是如果一個企業每隔幾年就變動一次，這種信任關係又怎麼能建立呢？所以，如果有需要，雀巢可以迅速地改變產品生產、銷售方式等，但永遠不會改變公司的價值體系，以及對產品品質和安全的關注。企業的變動是為發展目標而服務的，信任是雀巢的最大資產，不管變與不變，他們做的每一件事都在捍衛這個理念。「不可觸禁區」就是這個資產的防護網。

與其他企業異常重視短期投入產出的思維相異，總部位於瑞士的雀巢公司，更看中企業的長遠利益。雀巢的一個不可輕易改變的經營原則，是收入與利潤的增長模式。雀巢從來不追求短期利益最大化，那樣做是不明智的。雀巢致力於每年都有一個合理的利潤回報，主要目標是要有長期的、穩定的發展。雀巢不看重短期的淨收入、淨利潤等各種具體的數字，它看重的是每一個戰略和行動都能使股東們長期獲益。用布雷貝克的話說：「盈利模式不能變，雀巢不會因為市場要它在這個時期多賺錢而不顧長期發展，迎合部分股東而做改變，因為這是很危險的。」要做到這點並不容易，有時要承受巨大的市場壓力，但雀巢從沒有動搖過。

雀巢另一個不輕易改變的經營原則是因地制宜。對食品和飲料這個行業來說，從來沒有所謂的全球消費者。各個地區的人由於不同的文化和傳統，口味肯定不同。在亞洲可口的糖果，到了比利時可能就不是那麼討人喜歡了。因此，雀巢盡量將決策權下放，使每個決定都貼近當地市場。像雀巢這樣的全球化企業，不可能透過總部與全球每個消費者建立情感聯繫，讓雀巢品牌深入到各個地區消費者心中，並得到認可，雀巢總部的分權功不可沒。

做為全球最大的食品公司，雀巢公司堅信，要想成功地拓展全球業務，就必須讓自己努力地融入到所在國的文化中去，只有採取雙贏的本土化策略，積極促進當地的經濟發展，才能最終實現公司的長遠利益。雀巢咖啡在亞洲的推廣，就獲得了巨大的成功。

品牌傳遞——保存精華 不斷創新

對我們來說，雀巢咖啡最廣泛流傳、印象至深的廣告語，可能是那句簡約的「味道好極了」。雀巢的廣告精髓在於編織新生活的藍圖，起初我們本身沒有喝咖啡的習慣，但雀巢塑造出了好咖啡象徵著西方生活方式的品牌理念，使得咖啡這一西方的生活習慣迅速為亞洲人所接受。這句廣告語被無數次的引用，廣泛傳播，簡直成了雀巢和咖啡的象徵。

三、四〇年代，即溶咖啡剛剛面世，「雀巢」咖啡的廣告特別突出，即溶咖啡與傳統咖啡相較之下更省時、更省事的特徵。但是，這一廣告創意與當時的社會環境並不相符。因為當時，女性並不出去獨立工作，主要是在家相夫教子，照顧家庭。而這樣的女性消費者認為購買即溶咖啡，容易被別人認為自己節省時間操持家務，不夠賢慧，因此，以省事為理念的即溶咖啡廣告，銷量並不盡如人意。可是，「雀巢」卻前瞻性地堅持用這個廣告，後來，隨著時代的發展，

步入社會的女性日益增多，即溶咖啡的優勢終於被消費者認識和接受，銷售也順暢起來。市場終於被廣泛地打開了。

進入五、六〇年代，由於產品導向型廣告的風行，即溶咖啡也被消費者廣泛接受。「雀巢」卻開始轉換宣傳的重點，這一時期的雀巢廣告著重強調其咖啡的純度、濃郁的芳香和良好的口感。雀巢咖啡在消費者中的知名度越來越高以後，廣告的重點又變成了年輕消費群體，以及與這些人的生活息息相關的內容。例如，當時「雀巢」在日本的廣告，著重營造了「雀巢咖啡可以讓忙於工作的日本男人，享受剎那的豐富感」的氛圍，雀巢咖啡所具有的高格調形象，正好表現勤勉的公司職員和工作狀態下的男人魅力，至今仍讓許多日本人印象深刻。

在八〇年代，雀巢開始開闢中國市場。當然中國的主要飲料是「茶」，為了與之爭鋒，勸說中國的消費者嚐嚐西方的「茶」，雀巢咖啡以簡約平實的「味道好極了」的廣告語面世。對於當時的年輕人而言，與其說是品嚐雀巢咖啡，不如說是體驗西方的文化。

九〇年代以來隨著經濟的發展，中國市場上年輕人的生活形態也發生了很多的變化，「雀巢」立即敏銳地嗅到了其間的變化和不同，因此，它在市場上重新投放了一系列新的廣告。廣告以長輩對晚輩的關懷和支持為情感樞紐，以剛剛進入社會的職場新人們為主角，口號也隨之轉變成了「好的開始」，傳達出雀巢咖啡將會幫助年輕增強接受挑戰的信心，迎接新的開端。

雀巢的廣告無疑是成功奠定了它在咖啡王國的王者地位的關鍵，它能堅持自己的傳統特點：口感馥郁、溫馨無限；更能在傳承的過程中敏銳地瞭解市場風向的變動和消費者的需求，它懂得汲取精華，更懂得順應市場的變化。正是這個老品牌煥發的活力，讓其在廣告宣傳和市場開拓的道路上「味道好極了」。

變革，在糾錯中成長

所有的企業在發展過程中都不可能一帆風順，總是有逆境和順境。雀巢公司在它的百年發展史中也曾出現過失誤和挫折，遭遇過一次次幾乎致命的困境。也正是每一次困境的苦苦掙扎和探索，每一次危機的洗禮，讓其覺醒和改革。這些磨礪將雀巢公司塑造成了今天的模樣——每一次收購與擴張，雀巢都相當謹慎；可以說，雀巢公司的一切機制和戰略，都帶著為防範和抵禦風險而存在的烙印。

雀巢公司的第一次危機，始於第一次世界大戰。雖然戰爭並未實際影響消費者對雀巢產品的需求，但是戰爭卻帶來進出口受阻的運輸困難。在戰爭中，牛奶成了緊銷商品，雀巢當然不願放棄這個大好時機，於是在美國和澳大利亞等地買了一批工廠，以提供牛奶的原料和初級產品。因為新建工廠，公司欠下大筆債務，而戰爭結束時，政府卻不再大量採購罐裝牛奶，社會需求取向瞬間發生了變化，雀巢因為市場風向的轉變不得不隨之改變產品策略，以迎合戰後市場重新繁榮所帶來的商機。20世紀二〇年代，雀巢在巴西投資建廠，志在開發更多有價值的發展中國家市場。就在當時，雀巢公司已經擁有了80多家工廠和近300多個分銷、代理處，但它的債務總額也已經達到8,500萬瑞士法郎的天文數字。

這是一場相當高風險的博弈。如果當時經濟形勢穩定，這場負債經營的博弈也許可以安全獲利，風險也可以安全化歸。但1921年，世界性的經濟危機爆發，宏觀環境變得險惡，匯率嚴重波動，原料價格飛漲，令雀巢始料未及。加上股市中流傳出雀巢股票年終將不分紅的謠言散播，使上一年1月價格為1,020瑞士法郎雀巢的股票嚴重受挫，跌到了當年1月的550瑞士法郎。膨脹過速帶來的財務危害顯現出來，公司債務龐大，難以應對，損失相當慘重。這次危機給忽略宏觀經濟狀況的雀巢敲響了警鐘，生產能力閒置造成巨大的損失，生產得越多賠得就越嚴重。怎樣才能在危機狀態下讓雀巢科學決策，盡可能平衡生產和收益？為了挽救局勢，雀巢經過反覆論證，採取了以下兩個措施：

第一、果斷關閉了一部分工廠，以減少只有投入而無回報的產出。

第二，變革組織方式，放棄了過去董事會成員大多有任人為親的家族傳統，開始選拔有商業和管理經驗的優秀人才。

正因為這樣的改革和調整，雀巢公司的管理大權被交到了瑞士金融奇才達普勒的手上。

在他的手中，雀巢走向了一段新的傳奇和輝煌。

達普勒上任時，正是雀巢困境重重的時候。雀巢公司的銀行貸款已達近3億瑞士法郎，其中最大的損失處是美國市場，雀巢股票總值已經比原來跌了整整一半。達普勒上任後，採取了這樣簡單卻有效的對策：各國分公司自理收支平衡，自行控制生產成本，想辦法還自己欠的債。這一招見效迅速，各國分公司都積極想辦法還清債務。一年之內，雀巢公司負債額迅速下降。到了1925年，雀巢終於償清了所有銀行的債務。達普勒著手處理的第二件事就是整頓美國市場和回歸歐洲市場，開始把更多的關注投向歐洲民眾的口味上，而賣掉在美國一大批原料供應不足、交通不暢的工廠。1929年，雀巢終於恢復了元氣。

雀巢最終終於度過了難關，這次的教訓是慘重的，雀巢因此也增強了抗風險能力，學會了許多處埋危機和謹慎決策的方法：第一，要保持並增強企業的長期潛力，公司的財務狀況異常重要，健全的財務狀況能夠提供公司有彈性的調度空間，集團的活動能力全部取決於財務的健全與否，使得收購能夠在完整、健全的基礎上進行。健全的財務也意味著要嚴格控制存貨和應收帳款，意味著國外分散的各分公司要對利潤負責，不能只對銷售收入負責。第二是自此雀巢引進了職業管理者的觀念，讓更具有商業管理能力的專業人士來管理公司。其三是根據自己的實力選擇正確的戰場，避免盲目擴張拖垮自己。雀巢認為，為了能有效率地運作，一家公司必須是有彈性的；真正的策略絕對不能成為教條式的束縛，決策不能做為一些一成不變的規則來做。從雀巢的經驗與教訓和力挽狂瀾，我們可以看出，像這樣一家大公司具備勇於承認並即時糾正自己錯誤的優點，和其決策層充滿彈性的高度應變能力，才可以得到長足的發展，並在重大的衝擊之下仍保持捲土重來的勇氣和實力。

2005年，雀巢公司的年銷售額高達910億瑞士法郎，淨利潤達80億瑞士法郎，成為全球最大的食品製造商。透過上百年的擴張、投資及併購，雀巢奠定了自己在全球食品行業中的領先地位，也奠定了自己做為百年老字號，具有膽魄和實力的企業形象，讓我們看到它在不斷豐富自己，走向世界。

第二節

技術創新，獨領風騷

英荷（英國、荷蘭聯營）皇家殼牌集團，簡稱殼牌公司，其組建始於1907年英國殼牌運輸和貿易有限公司與荷蘭皇家石油公司股權的合併。當時，英國殼牌運輸公司起初主要做貝殼的進出口生意，所以取名「殼牌運輸公司」。隨著公司業務的不斷拓寬，其經營範圍從單一的貝殼，逐漸擴展到業務廣泛的綜合性進出口。1901年，殼牌運輸公司將業務範圍調整為以汽油和原油的運輸和銷售為主。而皇家荷蘭石油公司起初是一家主要從事石油探勘與開發的技術型公司，不僅擁有了大規模的油田，還擁有自己的油船和大型原油儲藏設施。殼牌運輸公司與皇家荷蘭石油公司在各自的經營過程中，深感尋求戰略合作夥伴的緊迫感，因為兩者同時面對著一個共同的競爭對手，那就是——美國標準石油公司。其強大的實力，使兩個優勢互補的企業於1907年毫不猶豫地走到了一起。

聯營後的殼牌公司，迅速進入國際上多種石油石化產品及衍生產品市場，並透過技術創新、管理創新等戰略的實施，始終保持著長期的產品優勢。如今，該集團已成為世界上主要的國際石油公司，業務遍布全球130多個國家，雇員總數近10萬人。集團在30多個國家的50多個煉油廠中擁有權益，而且是石油化工、公路運輸燃料（約5萬個加油站遍布全球）、潤滑油、航空燃料及液化石油氣的主要銷售商。同時它還是液化天然氣行業的先驅。該集團2007年銷售總收入達3,500多億美元，利潤為300多億美元，名列全球500強的第3位。

市場經濟運行的法則是「適者生存」。企業所處的內外環境日趨複雜多變。要想生存和發展。就必須要改革、要變化，這個變化就是創新。企業如果失去了創新精神和應變能力，就會失去競爭與市場的能力。殼牌公司就是一個十分注重創新的企業，它用其一百多年的創新發展史說明了這點，殼牌公司為了提升自己的競爭力，會根據市場環境的變化即時調整企業的發展戰略，並在調整過程中進行一系列的創新，如技術創新、管理創新、制度創新，而技術創新是其核心。

技術創新是企業獲取核心競爭力的原點。石化企業做為技術型企業，技術的佔有和開發的多寡與先進的程度非常重要。因為影響、決定盈利和發展能力的主要因素包括企業的規模、行銷能力、管理效率、技術創新以及科學決策能力等。而技術創新是企業核心競爭力的主要標誌和集中體現。石油行業是一個技術密集的產業，技術創新對石油公司競爭力有著直接和深遠的影響。持續的技術創新，可以大幅度降低探勘開發成本和風險，提高煉製和化工生產效率及產品附加價值。

隨著科學技術的不斷進步和世界石油工業的發展，只有即時掌握先進的科學技術，企業才能獲得最大的利益。所以，殼牌石油公司在具體制訂科技戰略時一再強調技術創新，積極發展世界領先技術，同時強化新技術的推廣應用，實現其商業價值，促進技術開發與生產的緊密結合。在盆地類比與探勘目標評價、儲層研究與地層評價技術、資源評價與投資決策研究、油藏管理與開發設計、工程施工設計與監督、石油探勘開發綜合資料庫、海洋技術、油氣加工與綜合利用，以及化工延伸加工技術等方面，殼牌公司都保持著自己的技術與競爭優勢。目前，石油石化領域的專利技術，殼牌公司佔了30%。調查顯示，近十多年來，殼牌公司在科研上的投入額穩定在5到8億美元，而且科研投入佔銷售收入的比例很高，同時投入的結構非常合理。

一個企業，要想具備強大的國際競爭力，就必須要像老字號殼牌石油公司一樣，重視科學技術的自主創新，只有這樣，才能增強企業的競爭力，贏得獨特的市場空間。

第三節

與世界同步，眼界放寬

Trinitron

如果有人問起你：你覺得哪個品牌的數位產品最流行、最時尚時，你或許會先思考一下，但如果這時你眼前突然晃過四個字母：SONY，你可能會情不自禁地叫道：「就是它了，新力（SONY）！」

新力所引領的年輕、時尚風席捲全球，在世界的每一個角落都隨處可見拿著印有「SONY」標誌產品的年輕人聚在一起，正享受著新力給他們帶來的種種新鮮體驗。看到如此情形，你是否能想像到新力公司已經步入了「花甲」之年呢？

新力已經在全球17個國家完成註冊，擁有員工20多萬，旗下的70多家子公司分別在電子領域、數位相機、筆記型電腦等領域引領世界潮流。新力由於在音樂、影視以及電腦娛樂方面突出的成就，使其成為全球領先的娛樂公司。做為世界最著名的品牌之一，新力的歷史常被人稱做「新力神話」，而支撐這個神話的便是被人津津樂道的新力「三不精神」——不模仿、不妥協、不放棄。在越來越重視創新的今天，新力所推崇的這種精神不正是我們應該好好學習的嗎？

絕處逢生——特麗瓏

不斷創造與眾不同的產品，這就是新力。新力的兩位創始人——井深大和盛田昭夫先生在公司創立之初就提出了：「就算錯了，也不要去模仿他人的產品，模仿就失去了意義。」因此從一開始，創新就已經灌入了新力的血液之中，新力的成功靠的就是永不間斷的創新。有一組相當有說服力的統計資料顯示，新力每天推出4種新產品，每年推出新產品1,000多種，其中大約800種是原產品的改進型，其餘的全都是新產品，因此新力也成為了全世界效率最高的「發明家」。

新力六十年的歷史中，創造了一個接一個的「第一」，比如第一個可以放在口袋裡的半導體收音機，第一個用在商業廣播上的磁帶錄影機，第一個家用磁帶錄影機等等，而最令新力驕傲的則當屬「單槍三束彩色映像管」即特麗瓏（Trinitron）和風靡全球的「隨身聽Walkman」。這兩個產品的成功研發，也充分體現了新力的「三不精神」。

彩色電視機首先在美國出現，到了上世紀六〇年代初電視臺開始發送彩色信號，一時間日本國內包括松下、日立和東芝在內的各大企業紛紛開始開發彩色電視機，此時的新力則顯得有些跟不上時代的腳步。但新力卻發現主流的顯示方式採用的是遮蔽屏，圖像清晰度明顯不足，因此新力另闢蹊徑，轉而開發非遮蔽屏式且更清晰的彩色電視機。在1961年的美國主辦的一個電子展覽會上，機敏的盛田昭夫發現了一種能夠清晰顯示圖像，並與當時彩電完全不同的彩色映像管，他當機立斷買下了這項技術的專利，帶回日本用在新彩色電視機的開發中。然而，四年很快就過去了，新力在新彩色電視機上花費了25億日圓，卻並未獲得任何成果。25億日圓相當於當時公司年銷售額的十分之一，由於開銷過大，公司因此陷入了巨大的危機，甚至到了破產的邊緣。此時井深大站了出來鼓勵開發人員，讓他們在1966年接著做下去，並推薦所有人去研究一下曼哈頓計畫的歷史，以便從中得出啟示。此時戲劇性的轉折發生了，在井深大連續幾個月的激勵下，每個工程師都廢寢忘食地工作，並終於在關鍵處實現了突破，造出了單槍三束映像管，並在兩年後完成了「高清晰」彩色電視機的開發和上市。

特麗瓏的出現離不開井深大在最關鍵時刻的鼓勵，而這位新力的頭號創始人提出的創建新力的目的——創造理想的工作場所，自由、充滿活力、快樂，讓樂於獻身的工程師在這裡能使自己的技能得到最大的實現，這一點更是深深地影響著一代又一代的新力人。技術人員出身的井深大，自然比一般人更瞭解技術人員的心理，因此他懂得如何去激勵他們，尤其是那些年輕人。有時候看到某個技術人員為了一件作品費盡心血，儘管井深大已經發現了其中存在的缺點，卻對此隻字不提，為了使他們更加積極主動去開發新產品，他會告訴他們說：「很不錯，這正是我原來一直想要的東西。」為此技術人員往往大受鼓舞，幹勁十足，開發出更多的新技術。

時尚神話Walkman

Walkman的出現則源於新力另一位創始人盛田昭夫靈敏的市場嗅覺。盛田昭夫出生於一個釀酒世家，由於自小便做為家族的繼承人，經常有機會出入於商業精英們組成的社交圈。但這位擁有異於常人洞察力的天才生意頭腦的人，卻放棄了家族事業，和井深大一起開創了新力神話。而開發引領了全球時尚風潮的Walkman，則是新力神話中最絢爛的章節之一。

1979年，新力讓全世界從此記住了一個名字「Walkman」，很快這個名字傳遍了全世界。一開始，Walkman只是新力公司的一個半成品，既沒有技術上的創新，也沒有在市場上形成需求，只能算是技術人員自娛自樂的玩具，而且功能也少於新力在市場上銷售的收錄音

機。因此在Walkman的研發過程中，市場觀察家，甚至是新力公司自己的員工，都對這一產品的前景充滿懷疑，但盛田昭夫卻相信會有人喜歡的，於是Walkman以高出一般錄音機多倍的價格推向了市場，僅僅兩個月後，所有人的擔心都被證明是多餘的，Walkman在問世後的短短十年間，累計銷量超過2.5億臺。Walkman的成功讓人不能不佩服盛田昭夫的眼光，而最初公司竟是以虧本價推出Walkman，這也充分體現了他過人的膽識。

十八條黃金法則

新力的「三不原則」——不模仿、不妥協、不放棄，使其總是能造出別的公司沒有的新產品，並一直對新高度發起挑戰，堅持不懈。毫無疑問，這三條原則都是非常值得我們虛心去學習的。除此之外，新力還有一特別值得借鏡的「致勝法寶」——十八條開發法則，它是新力在長期的發展過程中總結出來的，大致如下：

1．不是做顧客似乎想要的產品，而是做對顧客有用的產品。

2．不是從顧客的角度而是從自己的角度製造商品。

3．不能根據可能性來決定大小和費用，而應該根據必要性和必然性來決定。

4．市場或許是成熟的，但商品沒有成熟之說。

5．不能夠成功的原因是能夠成功的依據，解決不能成功的原因就行了。

6．不要設法去降低優質商品的價格，而要盡快造出更新的優質商品。
7．商品的缺陷一旦克服，就會產生新的市場。
8．啟動腦筋，就會產生新的附加價值。
9．與降低成本相比策劃更好。
10．由於動手太遲而失敗，就很難東山再起。
11．商品滯銷，不是價格太貴就是品質太差。
12．新的種子（商品）必須種在種子能生長的土地上。
13．在意其他公司便是失敗的開始。
14．困難中孕育可能。
15．不能魯莽，但還需要提倡一點魯莽。魯莽堅持下去，想法就會發生變化。
16．新技術註定要被更新的技術所取代。
17．市場不是調查出來的，而是創造出來的。
18．在不幸遇到沒有能力的上司時，先不要把新設想說出來，而是首先做出模型；有了實物，就肯定會有識貨之人。

法則是死的，人卻是活的。我們在借鏡運用別人東西的時候，一定要做到活學活用。而且新力的成功也絕不是簡單執行新力精神那些文字那麼簡單，在新力開發新產品時，比十八條法則更重要的是對新力精神的靈活、合理運用。

我們都知道唯有走跟別人不同的道路，才能獲得比別人更多的東西。但很多時候這些話都只是停留在嘴上，很少會運用到實際當中，尤其是一些最基本的東西，大家都很自覺的接受了，卻很少去思考那是不是真的合理。而新力卻總是顯得不那麼「安分守己」，在其他企業都是按照生產銷售來研究開發新產品的時候，新力反其道而行之，硬是開闢了一條從研發到生產的新道路。這種做法令很多人大為不解，卻只要簡單地運用一下逆向思維便可明白：己所不欲，勿施於人。連自己都不喜歡的東西又怎麼能賣給消費者呢？正因此新力總是能帶給消費者許多不同的元素、體驗，新力成為時尚潮流的代名詞也就不足為奇了。但新力並未就此停止自己創新的腳步，就像過去的六十年一樣，今天的新力依然致力於開發新產品，帶給世界更多的驚喜。新力的神話依然在上演。

專家點評：

資訊化的時代，資訊傳播的速度和範圍都大大增加，新產品層出不窮。再好的產品，也不可能在一成不變的情況下滿足消費者的需求。商場風雲變幻，商機轉瞬即逝，把握市場脈動，求精求變，才是企業長久生存和發展之道。

第三章

老字號之品牌重塑

一位企業家曾說：「沒有品牌，企業就沒有靈魂；沒有品牌，企業就失去生命力。」可以看出，品牌對企業的生存和發展是何等重要。品牌的價值是與品牌的知名度、認同度、消費者忠誠度、美譽度等消費者對品牌的印象緊密相關的，它是一種超越企業實體和產品以外的價值，能給企業和消費者帶來各種不同效用的價值。企業在確立了市場目標的條件下，在具備了品牌價值基礎上，如何去擴大企業品牌的影響力，則是一個關鍵性問題。

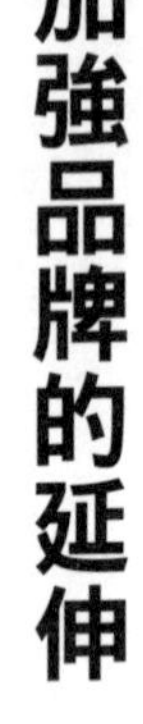

第一節 加強品牌的延伸

品牌一旦形成，就會與品牌的個性一起紮根於消費者的腦海之中。品牌個性是任何一個品牌都有的屬於自己的獨立獨特的風格，個性突出的品牌，在傳播中可以加深目標受眾的印象。在有了自己獨特的品牌後，如何進行品牌的延伸和塑造是每個企業都要面臨的問題。

被譽為「中國第一酒鎮」的茅台鎮古有「川鹽走貴州，秦商聚茅台」的繁華寫照；集厚重的古鹽文化、燦爛的長征文化和神祕的酒文化於一體是茅台酒的故鄉。與蘇格蘭威士忌、法國干邑白蘭地齊名的3大蒸餾名酒之一的茅台酒，是大麴醬香型白酒的鼻祖。它是風格最完美的醬香型大麴酒之典型，故「醬香型」又稱「茅香型」。1915年茅台酒在巴拿馬萬國博覽會上榮獲金獎，從此茅台鎮譽滿全球。

茅台酒歷史悠久，相傳漢武帝劉徹飲茅台酒後盛讚「甘美之一」；北宋大詩人黃庭堅，飲茅台後則嘆曰「殊可飲」；太平天國名將石達開七經仁懷，暢飲茅台酒之後更是寫下「萬頃明珠一甕收，君王到此也低頭，赤虺托起擎天柱，飲盡長江水倒流」的千古名句，足見茅台做為「國酒」的顯赫地位。

保護性地開發品牌

今天的茅台品牌，無論是從品牌知名度、美譽度、忠誠度和信任度，還是企業實力都是毋庸置疑的。而這些因素也正是品牌進行延伸塑造首先考慮的核心要素。品牌的生命在於創新，傳統需要發展，茅台傳統也一直在發展。品牌的價值如果是傳統帶來的，開發也應該是保護性開發。茅台有一句著名的品牌憲法宗旨——「不挖老窖，不賣新酒」。所謂「老窖」，就是茅台的金字招牌——茅台酒品牌，原產地保護和全世界獨一無二的釀造工藝，是茅台的傳統，也是必須繼承的金礦。在這個領域內的創新，也就是運用現代技術，解決生產過程中出現的問題。

茅台有一句廣告語叫做「釀造高品味生活」。從上世紀末，茅台在自己計畫好的軌道上，邁出了走向市場的關鍵一步。茅台幾次擴產，一方面是市場的需要，另一方面是也具備了產能提高的條件，「昔日王謝堂前燕，飛入尋常百姓家」，但現在原產地產品生產依然受到限制，穩定茅台酒目前年產量為1萬多噸，而茅台的品牌卻是翻倍增長的。

品牌延伸忌「遠親」

中國茅台可以說是中國白酒的脊樑，它不可複製的個性化風格，是其歷久不衰的核心競爭力。而在品牌延伸的過程中，百年老字號茅台，也有耐不住寂寞和經不住市場誘惑的時候，開始向啤酒、紅酒領域迅速擴張。但就在茅台推出新的品牌產品、高歌猛進時，延伸的子產品如茅台啤酒、茅台紅酒，出現了招商火、終端銷售冷的困境，這不得不說是茅台這個老字號品牌延伸中出現的重大失誤。

就品牌內涵而言，無論是茅台啤酒或是茅台紅酒，都不能承載茅台原有的品牌內涵。茅台在人們心目中是典型的白酒文化底蘊的代表，啤酒和紅酒則是充滿現代西洋文化氣息的產品，兩者的特性截然不同。因此這兩者的結合，在消費者的感受中不是牽強就是彆扭。雖然都是酒類延伸，但是西洋文化與傳統中國白酒，還真算是「遠親」了，怎麼看都不像是一個娘胎出來的，市場效應如何，也就可想而知了。

今天的茅台已經是中國白酒行業的標竿，在管理、行銷、戰略方面的創新思想也已相當成熟，在世界蒸餾酒領域也具有了相當精幹的技藝。在品牌延伸上雖然走過彎路，但股市上的「茅台現象」——穩居中國第一高價股的寶座，這足以說明了它在資本運作方面的能力和品牌的感召力，也說明了老字號品牌的延伸，既要堅持傳統的優勢，又要善於把握創新的延續性和相關性。

品牌形成後，可以利用消費者對品牌的依賴，擴張原有的生產線，使品牌的產品組合得以擴展和延伸。這裡需要品牌的擴展與延伸要恰到好處，擴展與延伸後的產品可以做為原產品組合的補充，使其有著共同的產品性質、產品品質和產品功效，同一類品牌的產品，其新品上市後，可在短期內享受到擴大市場佔有率和獲取超額利潤的市場待遇，進而體現品牌的更高價值。

第二節 品牌的「變臉」和「整容」

川劇裡有一種著名的表演是「變臉」，而在市場化浪潮中，許多商家彷彿是品牌的「變色龍」，善用品牌的「變臉」和「整容」擴展行銷空間。

世界上沒有一蹴可幾的成熟品牌和名牌，包括老字號品牌，任何品牌的發展與成熟都有一個螺旋式上升、否定之否定的過程。品牌的否定之否定，即「變臉」，其本質是品牌重塑與再造的過程，它透過重塑與再造來延續品牌和提升品牌，使品牌更具活力、適應力和競爭力。

世界上的知名品牌時時在演繹著「變臉」大戰。著名企業可口可樂，每隔一段時間就會對全球消費者進行一到兩年的跟蹤調查，瞭解消費者對口味和包裝的需求，最終決定是否更換包裝、是否有機會推出新的品牌。可口可樂主要針對的消費人群是年輕人，這更需要它們不斷調整自己，做時代性品牌。比如為了不斷優化與消費者溝通，它推出的雪碧品牌，為了加強品牌標識的現代感，改變了於1993年開始在全球使用的水紋視覺標識，原有的水紋設計被新的「S」形狀的氣泡流設計所取代。「S」恰好是「Sprite」的第一個字母，與原有設計相比更現代時尚，更具流線動感，也使雪碧的包裝更加醒目。由此也可以看出，雪碧的「變臉換裝」的目的絕不僅僅只在改換舊標識，顯然新標識傳遞的品牌元素告訴我們，雪碧將會把市場行銷重點集中到自信而現代的年輕消費者身上。

隨著顧客需求的不斷變化，適當運用品牌的「變臉」挽回逐漸流失的客戶是必要的。企業通常採取幾種方式來進行「喬裝打扮」或「整容」，包括產品系列擴展，將既有的品牌名稱拓展到新風格的舊產品裡面；或者把已有的品牌移植到全新研發的產品上，多個品牌在同一類產品中推出新的品牌名稱；或者直接推出新品牌，給新產品賦予全新的品牌名稱。

品牌的「變臉」，實際上是一個品牌重塑與再造的過程。品牌變臉是否成功，與企業品牌戰略、運作流程、操作方法、操作技術等多種因素有關。尤其是企業的品牌營運能力、時機把握、資金投入、品牌推廣策略等方面，對此企業要有一個清醒的認識，審時度勢，品牌的「變臉」和「整容」不像川劇，一層層剝下「臉皮」，換完標識就萬事大吉了。

第三節

品牌國際化擴張

National Panasonic

1918年的日本正處於現代工業革命時期，電燈、電話等各類新興電器慢慢改變著日本人的生活。也為充滿抱負、理想的日本年輕人提供了創業的黃金機會。這時，一個僅有小學教育程度的年輕人，帶著100日圓（當時約值50美元）的資金和他的創業夢想，從農村來到大阪，決心創辦自己的企業。經過十幾年的穩紮穩打，他逐漸在日本站穩腳跟；二戰後，他決定改用委託生產方式開闢多元化的生產管道，在實施一連串戰略經營措施後迅速走出了二戰的泥沼，並將眼光投向世界；到七〇年代末，他已經一舉成為全球最大的家電生產商。這個年輕人就是松下幸之助，當時的小企業則發展成了如今家喻戶曉的松下。

今天的松下以及它的口號「Panasonic ideas for life」，已經遍布世界每一個角落，松下在全世界設有230多家公司，員工近30萬。聯想到當時松下幸之助先生創辦松下時僅有3個人，「經營之神」的美譽實至名歸。松下的成功，松下幸之助先生傳奇的一生，裡面有太多值得我們學習的東西了。

合二為一 強化品牌

松下幸之助先生在1925年將「National」確定為公司的標識，來表示公司存在的含意。在當時特殊環境下「National」給人一種時髦的感覺，而且使自己的產品成為國民必需品，也是松下一直奮鬥的目標和努力的方向。所以在松下公司初次使用「National」做為商標品牌時，充分體現出了松下幸之助先生以民族產業為驕傲，以國家昌盛為己任的奮鬥目標。再到後來松下採用「三片松葉」做為社徽，象徵著松下「堅忍不拔」、「生長發展」和「協力一致」。但到1960年松下開始向海外拓展市場的時候，因為National一詞含有「國家、民族」之意，在許多國家註冊商標時遭到了拒絕，於是，松下改用Panasonic（Panasonic在1926年向美國市場出口帶高保真揚聲器的收音機時首次使用）做為品牌名稱。而在上世紀六〇年代以後，松下出口海外的產品中一直同時使用兩大品牌——National和Panasonic，其中白色家電使用National，而黑色家電則使用Panasonic商標。不過仍有一個例外，為了突出松下的品牌，松下決定所有在美國銷售的產品均統一使用Panasonic，這或許是由於在美國市場受到的競爭更為激烈。

隨著國際競爭日益激烈，松下在2003年做出了一個重大調整——宣布放棄海外市場的

National商標，集中所有精力打造Panasonic品牌。並希望透過將Panasonic品牌與海外市場建立起來的「安心可靠」、「尖端先進」的價值結合起來，進一步謀求品牌價值的擴大。

松下電工（中國）有限公司董事長田中弘司，在2003年松下品牌整合的時候曾說：「統一品牌有三個出發點：客戶至上；從全球立場上看，品牌統一是否有益，還要從競爭對手立場看品牌統一的效果。我們要滲透到消費者中，發揮品牌最大的價值。從宣傳上，兩個品牌一起宣傳要花費不必要的費用。兩個品牌分開宣傳，不如統一為一個品牌。」而且松下也發現，Panasonic品牌自上世紀六〇年代出現在北美市場以後，品牌價值無論是在國內還是海外都得到了極大的提高，因此把Panasonic定位為全球性的品牌，目的也十分明確——提高全球市場競爭力和品牌價值。而且在國際市場上使用單一品牌，不僅能降低經營成本，加強品牌管理，更能提高該品牌的價值，提高Panasonic品牌的知名度，重塑松下的全球品牌形象，鞏固其國際市場地位。

我們還可以從品牌差異化的角度，來瞭解松下統一使用Panasonic的戰略。因為品牌的差異化定位，以及區域市場覆蓋的不重疊性，難以達到銷售管道的共用，使得銷售費用增加；一旦各品牌之間沒有嚴格的市場區分和「團隊犧牲精神」，造成各自產品市場相互擠壓就在所難免，因此就會出現此消彼長的尷尬局面，相信這種局面是任何一個企業都不願意看到的。而改用綜合性品牌則在節省宣傳成本，增強品牌的美譽度、知名度和聯想度方面，都有著明顯的優勢。加之松下的Panasonic和National兩個品牌給消費者造成混淆由來已久，大多數消費者根本理不清這兩個品牌與松下之間的關係，比如多數人只知道Panasonic，而不知道「血統」更為純正的National，這也在一定程度上促使了松下在海外統一使用Panasonic。

漸進的國際擴張

在品牌全球化的今天，你身邊或許會出現一個穿著義大利的亞曼尼西裝，戴著瑞士的勞力士手錶，拿著芬蘭的諾基亞手機，一邊打電話一邊喝著麥斯威爾咖啡，旁邊放著SONY電視遙控，打完電話喝完咖啡後，提著LV包開著自己的寶馬汽車去上班的人。今天的世界盡在掌握之中，「地球村」中的人們可以隨意地挑選「村」中自己喜歡的品牌。此時各大跨國公司為追求利潤最大化和品牌價值的提升，不斷在世界各地開闢新市場，生產、行銷新產品，海外市場的激烈爭奪已趨白熱化，而做為世界最大的電器製造商之一的松下，當然不希望在競爭中敗下陣來。實際上，松下的國際擴張之路已經進行了近半個世紀，翻閱一下松下發展史，我們不難發現松下採取的是一條漸進的國際化擴張道路。

從1961年松下在泰國成立了戰後第一家國外生產工廠，到1971年在紐約證券交易所上市，再到1990年收購美國的MCA公司進一步佔領美國市場（1995年又轉讓出MCA80%的股份），2001年推出了「創生21計畫」，最後於2003年將全球品牌統一為「Panasonic」並將全球品牌標識語統一為「Panasonic ideas for life」，松下的每一步都體現了其做為一個跨國漸進主義企業代表的身分。

一個成功的男人背後都有一個默默支持他的女人，而一個好品牌又何嘗不需要一個好的口號來支援呢？我們隨便就能舉出許多例來，比如Nike的「just do it」、Adidas的「nothing is impossible」，還有麥當勞的「I'm lovin' it」，而松下的「Panasonic ideas for life」同樣耳熟能詳。這個口號意在提醒松下員工並告知全世界，「松下透過其遍布全球的員工共同進行研發、生產、銷售以及服務，為人們創建豐富多姿的生活和美好的世界，並不斷提供有價值的創意」。雖然松下幸之助先生已離我們而去，但他留給世界的松下，依然在努力為世界帶來許許多多的ideas，因此可以說，已經90多歲高齡的松下依然年輕，活力十足。

專家點評：

品牌競爭已逐漸成為市場的主要競爭，而文化又是品牌塑造的根本。一個品牌能否在顧客中樹立持久的印象，取決於品牌所蘊含的文化和企業所傳遞的核心價值取向。品牌文化是一種特殊的組織文化，是企業在自身的企業文化基礎上，逐步發展和形成的獨特信念、核心價值觀、行為規範以及各種與自身文化適應的思維和行為模式。當企業形成自己的品牌文化並將之在市場上推廣開來，就形成了一種強大的影響力，把企業本身和企業所生產的產品都深植於消費者的意識之中了！

第四章

老字號之經營改革

時代在發展，企業也需要跟著向前走，只有適應時代發展的企業才能基業常青。如果一個企業的變化跟不上時代的變化，那它必將難逃被時代淘汰的厄運！所以，企業在經營的過程中，一定要隨著時代的潮流，即時更新經營觀念，改善服務品質、有策略地提高品牌知名度，這樣才能走出新的成功發展之路。經過上百年甚至幾百年的洗禮，老字號能夠存活下來，證明它適應了歷史，證明它能根據社會發展要求進行變革，不斷地重塑自己的形象。

第一節

堅持顧客導向

商界最流行的一句話是「顧客就是上帝」，代表了商家的立足之本——必須堅持以顧客為導向才能贏得消費者的青睞，而有長足的發展和進步。以顧客的需求為中心，同樣是現代行銷思想的精髓。而對老字號企業而言，它經過了數百年的苦心經營，代表的不僅是高超的傳統工藝，更是熱情周到的服務態度和有口皆碑的商業信譽，說得通俗一點，就是企業的「人緣」。為了贏得「人緣」，今天的企業透過各種廣泛嘗試：比如推出更新更優質的產品、創造更舒適的購物環境、提供更便捷的服務等等。追根究底，好的「人緣」就是要堅持以人為本，堅持以顧客為導向，這也是我們老字號繼續保持好人緣的根本出路。

當人們讚嘆中國菜的口味世界第一的時候，當想起那些工藝精湛的烹飪技術的時候，自然而然地會想起菜裡的調味品。提起中國的調味品，老字號「李錦記」的功勞可是少不了的。以祕製蠔油、蝦醬而著稱的李錦記創立於1888年，已歷經了120多年的風吹雨打。在各種品牌大戰，各種新興調味盛起的今天，李錦記並未被現代市場的浪潮淹沒，相反老而彌堅，目前已由第四代家族成員管理經營，生意興旺，蒸蒸日上，煥發著勃勃生機。在李錦記的生機背後，我們看到的是它始終擁有的「好人緣」。這就是堅持以顧客為導向的企業品質所帶來的推動力。

李錦記剛起步的時候，香港的消費水準還較低，消費者對李錦記所主打的產品——高價蠔油，購買力不足，需求甚少。為此李錦記採取了針對消費者需求改變行銷方針的發展策略：先是以海外市場為起點，而後再大力拓展香港市場，這在當時，與「先安內再攘外」的傳統企業理念大相徑庭。而正是這樣的變通，使得李錦記贏得了海外的消費群體的人緣，並以高起點贏得了良好的國際聲譽。

七〇年代以前，李錦記還只憑藉舊裝特級蠔油和蝦醬兩種產品打天下。進入七〇年代後，李錦記察覺了市場需求日益多樣化的特點，即時轉向以顧客為市場導向的行銷觀念，將原先的品質保證部門獨立出來，專門成立了產品研發部，做了大量的目標消費者調查，並虛心向烹飪專業人士以及零售商取經討教等。經過這些努力，李錦記不斷推陳出新，依照市場需求推出了辣椒醬、蠔油、雞粉等醬料，以及滷水汁、豉油雞汁等一系列方便醬。產品由原先的兩種，一下子爆增至到150多種，大大地填補了醬料市場的空缺，並贏得了各層次消費者的喜愛。

俗話說「三分長相七分打扮」，現代的消費者在看中產品品質的同時，更喜歡賞心悅目的商品形象。為了使老字號的產品不顯陳舊，李錦記不失時機地採用了國際流行的直線設計，推出了新的品牌標識。新包裝不同於早期土氣的外觀造型，更具有現代感和美感，更能打動消費者。為了便於識別、適應消費者多種功能的訴求，以增加賣點，李錦記還特意聘請專業設計顧問公司，重新設計了一套包裝標識系統，把包裝紙和標籤統一起來，包裝紙上除印有基本資料如成分及重量外，還提供了食譜及使用方法。在買調味料的同時，順便把食譜也買回了家，這小小的改變卻贏得了廣大消費者的喜愛和讚譽。

李錦記雖然是一個老字號品牌，但是伴隨著時代的發展，它適應了現代企業的經營理念，十分注重現代行銷傳播。它開展過許多諸如邀請香港歌星葉麗儀拍攝廣告的宣傳和贊助活動，以增加品牌的知名度；它也曾為烹飪界知名人士方太等的電視烹飪節目提供醬料；還獨家贊助過馬戲團在香港海洋公園的表演……這些推廣品牌的做法，對一個有著百年歷史的老字號來說，是個相當富有膽識的嘗試，但這同時也讓我們看到它身上具備的不竭活力，為其在消費者心目中良好形象奠定了基礎。

李錦記之所以能不斷適應消費者的需求，推陳出新，是因為它背後有一支強而有力的中草藥保健顧問團隊和強而有力的具有專業中草藥保健知識及銷售能力的銷售團隊，進而達到了顧客、企業雙贏的境界。

到了九〇年代初，李錦記不滿足於調味品事業上的成功，進一步利用品牌知名度展開品牌延伸，致力於拓展地產、餐飲、健康食品和運輸等業務，以增大其市場「大餅」，如今，它的分銷網路遍布世界五大洲80多個國家和地區，真正實現了「有華人的地方就有李錦記產品」。

李錦記的成功也深刻的證明了，只有堅持以顧客為導向的品牌才能致勝。老字號李錦記為滿足市場需求，而致力於新產品研發，就是其堅持以顧客為導向的理念的最好詮釋。許多老字號都以自己精湛的傳統工藝和銷售模式而沾沾自喜，但其產品如果不能緊隨現代人的消費觀而革新，就會被無情的市場淘汰。

堅持以顧客為導向的產品和服務，能讓企業受益無窮。產品能為顧客創造價值，服務則可以為顧客增加價值，企業要堅持顧客導向，必須形成清晰的顧客價值創造理念和行為準則，並努力創造超過顧客期望值的產品價值，按照顧客現實需要和潛在需求開發更多更好的新產品，以滿足市場需要，使顧客真正滿意。「以顧客為關注焦點」既是企業的品質管制體系的核心，也是現代企業經營管理的核心。

第二節

馬莎之關係行銷

MARKS & SPENCER

馬莎（Marks & Spencer）百貨集團是英國最大且盈利能力最高的跨國零售集團。在上百年的經營過程中，馬莎百貨集團與時俱進，靈活採用各種市場策略，創造了一個又一個奇蹟。現在，馬莎百貨集團已成為一個連鎖化、專業化、國際化的超級零售企業，樹立了「聖米高」高品質、低價位的品牌形象，並樹立了馬莎百貨集團做為零售企業生力軍的聲譽和形象。

馬莎百貨集團的前身是建於1884年的一元便利店，創始人是一個俄國人，名叫蜜雪兒．馬克斯。1894年，馬克斯與人創建了一個公司，到1915年，公司發展成為一家零售連鎖店。1926年，馬莎有限公司成立，1928年，「聖米高」商標正式註冊。1930年，馬莎在倫敦牛津大街建立了旗艦商店。1975年，馬莎在巴黎和布魯塞爾開辦分店。1999年，馬莎百貨集團開辦了第一個電子商務網站。

如今，馬莎百貨集團已經成為世界上極富盛名的百貨公司之一。僅在英國就擁有200多家連鎖分店，在全球擁有600家商店，6萬多名員工，年營業額達72億英鎊。馬莎百貨集團經營的商品涉及服裝、食品、鞋類、化妝品、書籍等，其「聖米高」品牌的產品在30多個國家和地區出售，出口數量在英國零售商中居首位。

馬莎百貨集團之所以能取得今天的成就，是因為其很早就知道關係行銷的重要性，成功的運作使他們與顧客、供應商建立起了良好的長期合作關係。《今日管理》曾評論說：「從沒有企業能像馬莎百貨那樣，令顧客、供應商及競爭對手都心悅誠服。在英國和美國都難找到一種商品牌子像『聖米高』那樣家喻戶曉，備受推崇。」這句話正是馬莎在關係行銷上取得成功的真實寫照。馬莎的關係行銷戰略包括3大部分：

1．建立企業與顧客的穩固關係

關係行銷實際上是企業長期不斷地滿足顧客需要，實現顧客滿意度的行銷方法。它宣導建立企業與顧客之間長期的、穩固的相互信任關係。20世紀三〇年代，馬莎集團將自己的目標顧客確定為勞動階層。馬莎認為，勞動階層個人消費能力有限，他們真正需要的是一些品質高而價格不貴的產品，因此，馬莎百貨集團把其經營宗旨定為「為目標顧客提供他們有能力購買的高品質商品」，也就是說，在可能的條件下盡量以最好的服務為一大批勞動群眾和中產階層提供物美價廉的各種日用品。這種做法，為馬莎集團贏得了一大批忠實的老顧客。

為了提高企業形象，馬莎集團積極參與社會公益活動，如向社會慈善事業捐款、調撥員工參與社區各類發展工作，幫助小型或新公司創業等。透過這些公益活動，馬莎集團為自己創造了更多的機會接近他的目標顧客，使社會公眾對馬莎百貨集團有了更多、更全面的瞭解，增加了公眾光顧馬莎百貨的可能性。

馬莎百貨集團為了提供顧客「物有所值」甚至是「物超所值」的產品，還建立起了屬於自己的設計隊伍，與供應商密切配合，一起設計或重新設計各種產品，並以顧客能接受的價格來確定生產成本。同時，馬莎百貨集團不斷推行行政改革，提高行政效率，以降低整個企業的經營成本。為了保證提供給顧客的是高品質產品，馬莎百貨集團實行依規格採購，即先把要求的詳細標準訂下來，然後讓製造商依此製造。

為了讓顧客覺得從馬莎百貨購買的貨品都是可以信賴的，而且對其物有所值的口號不抱有絲毫的懷疑。馬莎集團還採用「不問原由」的退款政策，只要顧客對產品感到不滿意，不管什麼原因都可以退換或退款。

由於馬莎能把握住顧客的真正需要，並善於為顧客著想，自然就得到了顧客的青睞。不知不覺中就形成了與顧客的長期信任關係，使企業保持著長久的、穩定的發展趨勢。

2．謀求企業與供應商的合作關係

企業，尤其是零售企業，要想有效滿足顧客的需求，自然離不開供應商的協調配合。一般來說，零售商與製造商的關係多建立在短期的相互利益上，而馬莎則以自身的利益、供應商的利益及消費者的利益為出發點，建立起了長期緊密的合作關係。馬莎百貨集團為了提供「顧客真正需要」的產品，給供應商制訂了嚴格詳細的製造和採購標準，同時也盡可能地為供應商提供幫助，以便更有效的實現這些標準。比如，如果某個供應商的產品比批發商更便宜，馬莎則將節約成本的利益轉讓給供應商，做為改善貨品品質的投入。這樣一來，產品價格未變，但品質卻提高了，品質提高了，銷售也就增加了，馬莎集團便與其供應商共同獲益了。

據資料顯示，最早與馬莎百貨集團建立合作關係的供應商與馬莎的合作時間已經超過了一百年，供應馬莎產品超過五十年的供應商也有60家以上，超過三十年的則不少於100家，可見供貨商對馬莎的信任。馬莎集團對供應商的選擇很嚴格，但供應商一經入選，就有長年做不完的訂單，供應商的效益將不斷增加，所以入選的供應商常常引以為自豪。

3．建立企業與員工的良好關係

馬莎百貨集團以福利高而著稱。當然，馬莎對員工的關心，並不只是提供優厚的物質利益，他們會透過全方位地關心來體現企業人性化管理的理念。關心員工是目標，福利和其他措施都只是輔助方法，最終目的是與員工建立良好的人際關係，而不僅僅是以物質打動他們。比如，馬莎一位員工的父親突然在美國去世，第二天公司已代他安排好了赴美的機票，並送給他足夠的費用；一個未婚的營業員生下了一個孩子，同時她還肩負著照顧母親的重任，為此她兩年未能上班，公司卻一直發薪給她。馬莎百貸集團還透過長期實施員工分紅計畫（至今馬莎集團員工中有一半已擁有公司的股票），增強員工在公司的工作責任感。

尊重和關懷員工，建立與員工之間的信任關係、激發他們的工作熱情、開發他們的潛力，是馬莎集團管理的重點。馬莎集團把細緻關心員工做為公司的哲學思想，而不因管理層的更替有所變化。各級管理人員都真心關懷和尊重員工，使這種企業文化在公司被長久保持。馬莎公司還會盡力使公司的發展計畫、各種政策、工作環境、分紅計畫等資訊公開化，確保所有員工都有被尊重的感覺。

馬莎百貨集團管理的準則是與員工做全面而坦誠的雙向溝通；對努力和貢獻做出讚賞和

鼓勵；不斷地訓練員工和為其提供發展機會。馬莎百貨集團會為不同階層的員工提供有組織、有計畫、有系統地訓練，使每個員工都感覺自己受到了公司的尊重。馬莎百貨集團的高級職位幾乎都是從內部提拔的，這樣做大大降低了員工的流失率，所以一百多年以來，它們從未因員工的糾紛問題而困惑過。

哈佛商業評論曾有報告指出：再次光臨的顧客能為企業帶來25%到85%的利潤；行銷學中也有一個「二八定律」，即企業80%的收益來自於20%經常光顧的顧客。根據品牌效應：一個滿意的顧客會引發8筆潛在的生意，一個不滿意的顧客卻會影響25個人的購買意圖。因此，建立企業與客戶之間良好的關係，是企業能夠成功行銷的重要因素。老字號馬莎百貨集團做為一個零售企業，與顧客建立良好的關係尤其重要。馬莎集團認識到了，並有效的實施了關係行銷，進而累積了自己的客戶資本，憑藉這種資本，使馬莎成為了一個老而彌堅的老字號。

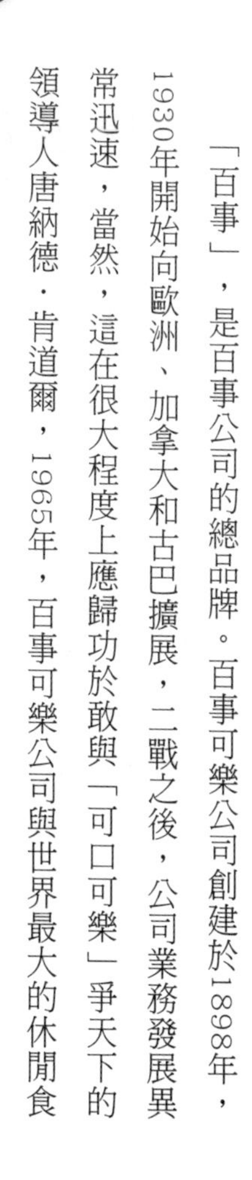

第三節

百事，順應形勢

「百事」，是百事公司的總品牌。百事可樂公司創建於1898年，1930年開始向歐洲、加拿大和古巴擴展，二戰之後，公司業務發展異常迅速，當然，這在很大程度上應歸功於敢與「可口可樂」爭天下的領導人唐納德．肯道爾，1965年，百事可樂公司與世界最大的休閒食品製造、銷售商菲多利公司合併，組成了百事公司。

「百事」成功的一個重要原因，就在於能夠順應形勢的變化，能夠根據不同形勢採取不同的策略，進而一步步走上世界飲料業的浪尖。從唐納德．肯道爾時代的多元化經營，到恩里科時代的回歸主業，都體現了百事可樂公司高瞻遠矚的眼光和銳意改革的勇氣。

唐納德．肯道爾於1963～1986年任百事的首席執行長。這個時期，在肯道爾的正確領導下，「百事可樂」的戰略導向發生了巨大變化：原本「百事可樂」在軟性飲料業一直落後於「可口可樂」，為了與可口可樂競爭，肯道爾要求公司將對「可口可樂」的被動防守轉成積極進攻。肯道爾深信「速食薯條與碳酸飲料密不可分，這往往是顧客同時消費的對象」，兼併速食業與餐館，在一定程度上能增加企業飲料業務的銷售點。經過多年的征戰，「百事可樂」在飲料市場上的地位大幅提高。直到今天，這仍是百事集團的戰略要點。

1986~1996年，由韋尼．科勒威任「百事」的首席執行長，科勒威繼續執行肯道爾的關聯性多元化戰略，使「百事」組織分為百事可樂北美公司、百事可樂國際公司、菲多利公司、百事可樂食品國際公司、必勝客披薩世界公司、泰科貝爾世界公司、肯德基炸雞公司和百事可樂食品系統世界公司等8大組成部分。這8個部分分屬軟性飲料、速食和餐館3大業務，1991年銷售額近200億美元。1993年「可口可樂」汽水銷售量雖然以4：1壓倒「百事可樂」，但百事可樂的總收入卻高出可口可樂7.5%。此外，「百事」的多元化戰略還包括：1968年購入北美長途搬運公司，1970年購入威爾遜運動用品公司，1972年購入亨利酒業公司。到20世紀九〇年代初，「百事」的產品與服務涉及飲料、食品、運動用品、貨物運輸和建築工程等各個領域，真可謂五花八門。

1996年4月，恩里科出任公司首席執行長，1997年1月，恩里科做出重大戰略調整：公司將放棄不景氣的速食店，以集中力量開發飲料市場。在不到一年的時間內，恩里科便把包括「肯德基」、「必勝客」在內的餐飲業從公司分離了出去，使之成為一家獨立的上市公司，即百勝全球公司，而百事集團對新公司享有收益權。這樣既保證了速食公司在資金上的自主，又解決了飲料製造和速食業爭奪資源的矛盾。

1997年以後，百事公司由百事可樂國際集團、百事食品國際集團和純品都樂飲料集團組合而成。百事可樂國際集團主要生產碳酸飲料；百事食品國際集團主要生產休閒食品，年銷售額超過120億美元；純品都樂飲料集團則是全球最大的果汁生產商。2001年，美國百事公司又與桂格燕麥公司合併，「百事」把著名健康系列食品品牌「桂格」，以及運動飲料品牌「佳得樂」收歸旗下，品牌陣容空前壯大。除了「桂格」和「佳得樂」，百事公司還有11個品牌產品，各自的年零售額均超過10億美元，這11個品牌分別是「七喜」、「激浪」、「奇多」、「美年達」、「百事可樂」、「輕怡百事」、「樂事薯片」、「純品果汁」、「波卡洋芋片」、「Ruffles」和「立頓紅茶」。其中「樂事薯片」、「波卡洋芋片」是全球銷量最大的食品。

如今，百事公司成為世界上最成功的消費品公司之一，業務遍及全球200多個國家和地區，在美國、加拿大、歐洲、非洲、南美、亞太地區及中國等地的員工超過15萬人。2003年8月，《商業週刊》評選的全球最有價值品牌的排名中，百事公司旗下的百事可樂品牌排名第23位；2004年公布的《財富》雜誌「全球500強」排名中，百事公司名列第166位。美國《財富》週刊曾做過的一項評比調查顯示，百事可樂公司已成為新千年全美飲料行業中「全美最受推崇的公司」，英國《金融時報》的一項權威調查則把「百事可樂」列為「全球食品飲料行業中最令人尊敬的公司」。

專家點評：

經營管理是企業將生產、營業、勞動力、財務等各種業務，按照經營目的做有效調整，順利執行的一系列管理、營運活動。能合理安排企業的經營管理，組織生產力，促進供、產、銷各個環節的銜接與配合，提高效率，降低成本，是企業在競爭中的必備能力之一，有時甚至會成為致勝的法寶。生產技術的發展和變革不僅對顧客的產品需求產生了很大的影響，更從根本上帶動了企業經營管理的改革。

5

第五篇

冬至陽生春又來——老字號之新生篇

一個老字號能夠在幾十年甚至上百年的風風雨雨中屹立不倒，就必定有其神奇之處。也許有特別的經營法則，也許有大膽創新的勇氣，也許有優秀的企業文化，或者有獨到的管理手法……總之，它們的成功絕非偶然。這一篇，我們將用幾個欣欣向榮的老字號來為你開闊視野，讓你深刻體會到這些老字號的不敗之因。

第一章

常青樹老字號是怎樣煉成的

俗話說：「三流的企業賣產品，二流的企業賣服務，一流的企業賣標準。」一個優秀的企業，向消費者傳達的是一種生活方式和文化理念。麥當勞、強生這些老字號即是如此，它們一直都強調一流的品質和服務，也將這一點貫徹始終。當我們看到麥當勞金色的拱門時，想到的不僅僅是衛生的環境和便捷的食物，更是傳遞快樂的場所。正是因為它們的獨特精神和魅力，正在向世人宣告，它們將不老而常青。

第一節

金色拱門下的黃金法則

金色的「M」形雙拱門、紅頭髮的小丑叔叔、黃白相間的明亮餐廳——相信大家都能脫口而出這些熟悉的形象，它們是麥當勞速食店的標誌。除此之外，麥當勞還給人們留下了另一個印象，那就是快捷、年輕而有活力。

特別是它那句新的廣告語「我就喜歡（I'm lovin' it）」的廣泛流傳，被大多數年輕人所喜歡。就在我們感受麥當勞年輕氣息的時候，誰又能想到麥當勞公司（McDonald's Corporation），已經是一家創辦於上世紀五〇年代的速食老店呢？

如今，麥當勞餐廳已遍布全世界120多個國家和地區，是全球最大的速食連鎖企業。若是你每日經過麥當勞的門口，你會發現這個餐廳常常門庭若市，其中有兒童樂園，還有全家餐的便利配送；即便你正在公路上行駛，舉目間也可以看到大大的金黃色拱門標誌，它在提醒你到麥當勞去買食品……這些無一不標誌著這個老字號企業在當今社會依然保有的旺盛活力。而值得我們研究的是，麥當勞的活力在這半個多世紀的發展歷程中，是如何保持常青的。

金色拱門下的黃金法則

商界有句俗語叫「顧客就是上帝」，而顧客至上也是麥當勞金色拱門下的黃金準則。麥當勞秉持著一個重要的「QSC & v原則」，即品質（Quality）、服務（Service）、清潔（Cleanliness）和價值（Value）。

我們在麥當勞用餐時，不會吃到冷冰冰的食物，因為他們對食物的品質有著嚴格的要求。規定食品的製作時限是在幾分鐘之內，如薯條不得超過7分鐘；它所採用的原料都有統一標準，如選用雞翅的大小分量；「煎漢堡必須翻動，切勿拋轉」等等。這樣一來，不僅保證了麥當勞食品的高品質（Quality），還保證了顧客會再次光顧。

在麥當勞用餐能夠讓人心情愉悅。因為排隊的時間，服務員專用的語言都是有嚴格要求的。比如每個店員每天都要修指甲、戴帽子；女性要戴髮夾等等，保證熱情、周到、快捷的服務（Service）。麥當勞的黃金法則給人帶來了明亮的心情，與之搭配的，是它潔淨的用餐環境和即食的食物，讓人感到整潔而衛生（Cleanliness）。Value則是在以上三點的高標準下，向顧客展示出了麥當勞的理念和價值觀。

要做到QSC &V原則，麥當勞還有相當健全的監督制度和培訓體系。由於連鎖經營，為了保證各個分店的標準都一樣，麥當勞規定，凡是麥當勞出品的食物和服務必須遵循同樣的規則，必須有一套健全的監督制度，定期審查相關的生產、銷售和服務流程。而「露八顆牙微笑」的服務態度，正是依賴於麥當勞對人員的統一培訓和管理。

幾十年如一日的保證產品品質和優質服務，是所有常青企業的紮實內功。「沒有最好，只有更好」，不斷的精益求精，這是它們的經營之本。麥當勞如此，其他百年老字號的企業也是如此。

紅色頭髮的歡樂海洋

紅頭髮麥當勞叔叔是麥當勞的吉祥物，也是它的象徵人物。他通常坐在麥當勞門口的長椅上，有人喜歡和他合影，也有人喜歡對他微笑。他的形象代表著歡樂與和諧，而這也是麥當勞一直努力打造的品牌形象：親切、歡樂、溫馨，你的生活有我相伴。

1996年，麥當勞總部決定建立聯合廣告基金制度，同時組建了麥當勞全國加盟者聯合廣告基金會。致力於麥當勞品牌的傳播與推廣。「更多選擇，更多歡笑」，「常常歡笑，嚐嚐麥當勞」是我們記憶猶新的麥當勞廣告語。現今，全球共同傳遞的「我就喜歡」，是麥當勞的最新招牌，它向世人展現了獨特的品牌個性與歡樂魅力。

全球化的歡樂是麥當勞連鎖的魅力所在。這樣的品牌意識和文化的統一傳遞，獨特於其他，易於識別。這讓我們深刻地感覺到了麥當勞所堅持的經營理念永遠不老，歡樂也將永存。看著它品牌價值的不斷提升，相信再歷經五十年，它也不會老化。

麥當勞還注重抓住其消費群體的需求，從剛開始的為小朋友過生日，到其「兒童樂園」的建設，以及讓麥當勞叔叔教孩子們學英語等活動，無一不透露這麥當勞的歡樂、童心和親切。麥當勞還有一些專門的主題餐廳，比如搖滾麥當勞五〇年代主題餐廳，迎合許多年輕人的口味。而有調查顯示，麥當勞還是人們選擇家庭聚會的場所之一，因其衛生便利，氛圍輕鬆，24小時營業，所以廣受大眾喜愛。

麥當勞不僅僅是一個餐廳，它更是一種理念和象徵。它向消費者展示了一個溫馨的、有歡樂的場所。這也是麥當勞無形中向你傳遞的信號：麥當勞帶給你歡樂，這是我們產品本身以外的「產品」。

連鎖特許經營的「藤條」

1954年，麥當勞特許經營的代理商克羅克，處理完麥當勞兄弟之前不統一的加盟店轉讓事宜後，將其發展成了今天的麥當勞公司。

克羅克汲取了麥當勞之前特許人與受許人互不相干、各自經營的經驗與教訓。決定以公平、互惠的精神，重新訂立特許經營合約。這個合約的主旨就是：標準化，統一化。他規定每家麥當勞加盟店的產品，無論品質、品項和價格都必須一致；加盟店的店面裝修、服務方式也要統一；而所有加盟店使用的原料品質都由總店（特許經營總部）統一制訂標準。

事實證明，自這樣的經營方式產生以來，麥當勞成功地實現了跨地區性市場拓展和國際化經營。在世界各地，只要有麥當勞的地方，我們就能看到同樣的標誌，吃到同樣價格的產品。連鎖經營，確實是麥當勞引以為傲的經營方式，它以低成本的擴張經營方式，規避了許多社會風險。而其整齊劃一的管理方式，是高效而科學的，好比各個連鎖分店都是總特許店這棵大樹上的枝蔓，因為長期累積的寶貴經驗，根深則葉茂。

洋叔叔的中國「變臉」術

1990年，麥當勞這個「洋叔叔」在中國登陸。中國是一個飲食文化悠久，並擁有世界上最健康飲食結構的國家。如何確保在這樣一個國度，讓顧客不僅僅是憑著對「洋速食」的新鮮感而走進麥當勞呢？

麥當勞透過市場調查得出，中國消費者選擇用餐地點時，首先考慮的是食物的口味，其次才是衛生環境和地點等條件。而中國消費者對米飯等常規食品要求較高，對菜色的需求也是多元的。因此，麥當勞針對中國消費者的營養結構，推出了板燒雞腿漢堡、蔬菜玉米湯等等適合中國人口味的產品。甚至還嘗試用中國傳統文化裡的「福」字做為食品造型。產品的本土化，不僅表達了麥當勞嘗試親近和瞭解了中國消費者的誠意，還表現了他們對民族意識和品牌化的國際化理解和尊重。

與此同時，麥當勞非常重視與中國本土的公共關係。他們積極參加公益活動，在媒體上大力推廣自己的品牌。麥當勞有屬於自己的世界性組織——「麥當勞叔叔之家」，每年都向世界上需要幫助的兒童捐贈慈善款項，而在中國他們也繼續該項慈善事業，並因此贏得了媒體的好評和消費者的好感。

麥當勞還經常參與當地學校或附近社區居委會的活動。例如，向公益活動贈送免費飲料；新學期的時候向附近學校贈送禮品；設立麥當勞優秀學生獎學金等等。公關活動提高了企業的知名度，成了聯絡企業和消費者的橋樑。另外為了增進麥當勞與顧客之間的感情，他們還改變了麥當勞洋叔叔的傳統親和形象，使其向中國消費者的黃皮膚靠近。

麥當勞透過各種努力，在貼近中國傳統文化和消費習慣的同時，證明了自己是中國消費者的朋友，也是歡樂和溫馨所在。如今，麥當勞餐廳在中國的大小城市已有600餘家，足以證明麥當勞的「變臉術」得到了本土的認可，而這個「洋叔叔」微笑正地坐在我們的家門口，準備向更有潛力的市場和消費者進發。

第二節

強生之「我們的信條」

老字號美國強生公司於1887年成立，是當今世界上規模最大、產品最多元化的醫療保健品公司。一百多年來，它的產品以其卓越的品質贏得了全球消費者的鍾愛和信賴。如今，強生公司已擁有100多家子公司，為全世界近200個國家和地區提供產品與服務，其銷售額已超過200億美元，淨利潤近30億美元。強生公司名列全美50家最大的企業之一，在全球醫療保健行業銷量名列第一。

「強生」公司之所以能取得如此大的成功，除了良好的外部環境外，還得益於強生公司的正確經營之道。「強生」以總公司的信條為基本原則積極開拓中國市場，樹立了其產品定位具體、準確的形象。

強生公司訂立出「我們的信條」，做為公司的基本原則。其內容包括以下幾個方面：

一是我們要對醫生、護士和病人負責，對母親們和一切使用我們產品及服務的其他人負責。為了滿足他們的需要，我們必須高品質的完成每一件事，我們必須要為不斷降低成本而努力，這樣才能保證產品合理的價格。對於顧客的訂貨必須迅速、準確地交付。我們也要使供應商和銷售代理商有機會賺取相當的利潤。

二是我們要對在世界各地為我們工作的員工負責。他們必須尊重他們的人格，瞭解他們的長處和價值，給他們職業保障和安全感。工資和福利必須公允、充分，工作場所必須整潔、安全。全體員工都應能自由地提出建議和批評。凡是有能力的人，在就業、個人發展及升遷方面，都應享有完全相等的機會。我們的管理人員必須稱職，他們的行為必須公正和有道德。

三是我們要對社會負責。我們的行為必須遵紀守法——支持善行和承擔我們應盡的賦稅義務。我們應當為改進國民健康、教育和文化水準而努力。我們必須把我們有權使用的公私財產管理得井井有條，並且注意保護環境和自然資源。

最後，我們還要對我們的股東負責。我們經營的業務必須要能保持合理的、可觀的利潤。我們必須試驗新的思想。必須進行科學研究，開展創新活動，從錯誤中汲取經驗與教訓並更好、更快地進行發展。必須不斷更新設備，新建和改造廠房設施，向顧客提供最新的產品。必須保留一定的產品儲備，以供可能出現的困難時期使用。當我們按照以上原則經營本公司時，股東們應當能獲得不錯的投資收益。

根據以上基本原則，強生公司把「進入新的細分市場」做為一個重要的擴大市場的策略。在這裡我們以強生嬰兒洗髮精為例。為了獲得更大的發展，它闖入了另一個目標市場：那些洗髮次數比較多的成年人。結果這一措施取得了非常好的效果，在美國的市場佔有率從3%一下子提升到了14%。在美國市場取得成功後，公司很快將這一策略陸續推廣到了其他國家和地區。

但事與願違，當強生嬰兒洗髮精進軍臺灣成人市場時，並沒有達到預期的效果。於是，公司便把目標對象對準媽媽，沒想到成效也不理想。透過市場調查，「強生」又把產品重新定位於18～24歲的女孩子，因為處於這種年齡的女孩子，比其他女性更關心頭髮的柔軟度，而且她們有足夠的時間經常洗髮。特別是在約會前或運動後。為了不放棄嬰兒市場，廣告片的最後仍保留嬰兒形象的片段做為提醒。同時，強生公司也即時在行銷組合上給予配合，提供大容量包裝，以順應使用對象的轉換。

之後，強生公司還將嬰兒洗髮精的成功策略，推而廣之。「強生」沐浴乳、潤膚乳都提出了「給您嬰兒般的肌膚」的概念，強調成人同樣可以使用該產品。用同樣的做法，將嬰兒肥皂、潤膚油、爽身粉等產品，從嬰兒這一單一使用對象，延伸到年輕女性的階層，使得整個公司的銷售取得了飛速的增長。

老字號美國強生公司雖然已經走過了一百多年的風風雨雨，卻沒有顯示出絲毫的老態，這正是公司藉助「我們的信條」保持年輕活力的祕訣。希望「強生」這根常青樹能一直常青下去！

專家點評：

因地制宜，切合實際地滿足顧客的需求，是企業向更廣闊的市場進軍所必須瞭解的關鍵問題。這不僅僅體現在時間上的由古及今，也體現在空間上的由此及彼。我們可以看到，麥當勞、肯德基、強生、寶僑、歐萊雅等企業，不但在同一市場持續不斷地開發新產品，推陳出新，而且還在全球範圍內不斷拓展市場。結合各地的文化特徵，生活習俗，生產適銷對路的產品，進而取得了極大的成功。

第二章

老字號如何老樹開新花

品牌核心價值是品牌行銷傳播活動的起點。老字號在向現代品牌轉換的過程中，其核心價值也要有創新的精神，與時俱進，在傳承的基礎上實現創新，體現時代精神。老字號如果要趕上時代的步伐，就應該忘掉自己的年齡，應該年輕化，找回創業時的熱情，以創新的思維、前瞻的設計、現代的經營、時刻保持年輕的心態和年輕的商業年齡，相信這些就是老字號向現代品牌轉換的關鍵。

第一節

皮爾卡登之大膽開拓

pierre cardin

「皮爾卡登」是法國皮爾．卡登時裝公司用於服裝產品的品牌。1945年，當時年僅23歲的皮爾．卡登懷著創出一番事業的理想來到巴黎，先後在巴黎3家有名望的時裝公司學藝，勤奮好學的他很快便掌握了服裝裁剪、縫製和設計的技術。20世紀五〇年代初，由於二戰的破壞，法國百廢待興，皮爾．卡登審時度勢，看準時機，開了一家以「皮爾卡登」為招牌的服裝作坊，邁出了創業的第一步。

皮爾．卡登知道，要想在競爭激烈的環境中使自己的時裝長盛不衰，就必須刻意求新，獨樹一幟。正是憑藉這樣的思想，「皮爾卡登」時裝無數次地走在了時裝潮流的前端，三度獲得法國高級時裝的最高榮譽——「金頂針獎」，大大提高了「皮爾卡登」時裝的知名度。

皮爾．卡登還特別善於從異國風情裡汲取創作靈感，推出適合當地人著裝習慣、充滿異國情調的時裝新款式。1976年皮爾．卡登首次訪華時，中國古建築物上高揚的飛簷激起了他的創作靈感，自此，一組肩部上翹，領部豎立的時裝設計圖問世了。如今，皮爾．卡登公司每年都會推出800多種春、夏、秋、冬新款式的時裝。

皮爾．卡登能夠取得今日的成就，得益於他的遠見卓識，大膽開拓。皮爾．卡登能把握時裝行業的發展趨勢。他認為，當今世界上能夠享受「高級時裝」的人不過2,000個，因此，製作「高級時裝」是沒有前途的，他主張時裝要為民眾服務。於是，在1959年，他舉辦了「皮爾卡登」成衣展銷會，並取得了意想不到的成果，如今四十多年過去了，幾乎所有的時裝公司都走上了他所開闢的道路。

皮爾．卡登的遠見卓識和勇氣還表現在對國外市場的開拓上。「皮爾卡登」時裝率先打入日本、俄國，接著就是中國市場。早在1976年訪華時，皮爾．卡登就已經看出中國是一個潛在的服裝大市場。於是他很快做出了到中國投資的決定。1989年，皮爾．卡登開始從樹立單純的品牌形象跨越到了實際的商業活動中。為了給中國消費者灌輸名牌意識，皮爾．卡登選擇了以體現男性自身價值和成功標誌的高檔西服，做為其商業活動的起點，可謂眼光獨到。隨著「皮爾卡登」專賣店的建立和其業務的迅速發展，加上名牌服裝所體現的社會地位與非名牌服裝之間差距的擴大，國際名牌的價值逐漸被消費者所認可，如今，公司的行銷業績已成為國際名牌服裝在中國獲得成功的典範。

有一點，也許很多人都沒有想到，直到至今，皮爾．卡登還沒有建立自己的家庭，沒有妻子、兒女。為了事業，他奉獻了畢生的精力，如今已八十多歲的皮爾·卡登依舊保持著當年的習慣：從早上8點工作到晚上8點，審閱和設計圖紙，跟下屬研究業務、制訂計畫、接待客人……

正是靠著皮爾·卡登的這種勤奮努力、大膽開拓的精神，才成就了皮爾·卡登時裝公司的「時裝帝國」。事實上，現在的皮爾·卡登服裝絕非僅僅是穿在身上的衣物，它更是一種生活方式，一種生活態度！

第二節

沃爾瑪「用專業的心，做專業的事」

沃爾瑪是全球聞名的美國零售業巨頭。其創始人物山姆．沃爾頓生前曾表達過，創立沃爾瑪的最初靈感，來自中國一家古老的商號。傳說這商號的名字是一種可以帶來金錢和財富的昆蟲。而在中國古書的記載中，這種昆蟲大概就是「青蚨」，而以「蚨」命名的商號便是當年京城的龍頭老字號——瑞蚨祥。基於這樣的靈感，山姆．沃爾頓於1962年創立了沃爾瑪公司。它果真如「蚨」一般，聚斂財富毫不含糊，在四十多年裡，傳奇般地成了美國最大的私人雇主和世界上最大的連鎖零售企業。目前，沃爾瑪在全球14個國家開設了6,600多家商場。當之無愧地榮登全球500強的榜首。這奪目的榜首榮耀，沃爾瑪是靠什麼得來的？它的成功又能帶給我們一些什麼樣的啟示呢？

優質的服務

1、薄利多銷 天天平價

沃爾瑪能夠佔據世界大比例的銷售市場，最大的功臣是「天天平價」的價格承諾。沃爾瑪平價的宗旨是「幫顧客節省每一分錢」。在此宗旨之下，沃爾瑪透過縮減廣告開支、實行本地採購、不需送貨等一系列措施，形成了低進價、低成本、低加價的行銷策略。雖然是微利經營，但天天平價的吸引，使得沃爾瑪能夠風行世界，銷售額不斷攀升。

2、「一站式」的便捷

在沃爾瑪購物，又被人們稱為「家庭一次購物」，意思是一家子的購物需求沃爾瑪都能滿足。沃爾瑪除了始終堅持為顧客提供優質廉價商品和服務，其商品還能夠滿足各個群體的需求。小到各種生活必需品、服飾、藥品、兒童玩具、電器、珠寶化妝品，大到汽車、小型遊艇配件等等。可以說品項齊全，應有盡有。一次購物滿2,000元以上，在指定範圍內沃爾瑪還可提供送貨上門的服務。如果在沃爾市場購買的商品，消費者覺得不滿意，還可以在一個月以內拿回商店，進行退還貨款的服務。在沃爾瑪，消費者可以一次性滿足所有的購物需求和售後服務，大量的便捷服務，讓消費者節約了時間成本，同時也成了沃爾瑪的成功因素之一。

3、顧客第一 友善服務

也許你也曾留意到，沃爾瑪的一些店裡張貼著這樣的標語：「一、顧客永遠是對的；二．顧客如有錯誤，請參照第一條。」所有銷售企業要在顧客心目中樹立良好的品牌形象，僅僅依靠質優價廉的產品是不夠的，顧客更希望在享受物美價廉的物品同時，享受到細緻熱情的服務。沃爾瑪堅信「顧客滿意是保證未來成功與成長的最好投資」，它有一個非常著名的「三公尺微笑原則」，即它要求員工們要做到「當顧客走到距離三公尺的範圍內，就要溫和微笑地向他打招呼，並詢問是否需要幫助」。

此外，沃爾瑪為顧客提供了多項特殊服務，以方便他們購物。例如，免費停車的服務，在營業店門口廣場，設置沃爾瑪免費停車位，大大緩解了顧客找不到停車位的尷尬。還有，沃爾瑪還將甜點房搬進了商場，同時設休閒廊，可以讓顧客在購物勞頓之餘享受新鮮的糕點和風味美食，這一措施在一定程度上增加了店鋪的營業額。

而在數位產品等專櫃，沃爾瑪更是聘有專業人士可供顧客免費諮詢，設身處地地為顧客考慮，避免了顧客盲目購物的風險。每週沃爾瑪還會對顧客進行回饋調查，並根據調查結果進行分析，然後對顧客所期望更新或即時需求的商品，進行重新組合並採購。與此同時，他們還改進一些商品的陳列和擺放次序，為顧客營造了一個舒適的購物環境。

沃爾瑪的服務，讓我們聯想到這樣一句話，就是「用專業的心，做專業的事」。正是因為這份專業的服務，它才能成為零售業的龍頭老大。

而除卻沃爾瑪優秀的服務品質，我們還應該學習它專業的經營方式：

全面有效的經營方式

1、細分市場 全面覆蓋

沃爾瑪的商品項齊全，不僅僅在於它能滿足一般個體的需求，而是在於它著力細分市場，針對自己不同的目標消費者，採取了不同的零售經營方式。例如它將市場細分為：只針對會員提供優惠及服務的山姆會員商店；針對中層及中、下層消費者的平價購物廣場；以及深受上層消費者喜愛的沃爾瑪綜合性百貨商店等。這樣對市場的明確定位和劃分，使得沃爾瑪的經營更具目標性，並能積極主動地回應各個細分市場的需求，達到全面覆蓋。

2、節約成本 倉儲式經營

在今天，幾乎所有的大型連鎖超市都會採取低價的經營策略，沃爾瑪也是如此。但它的與眾不同之處就在於，它能盡量從進貨管道、分銷方式等方面節約成本。針對這個問題，倉儲式的經營模式是個很好的選擇。

大規模倉儲式的零售概念，早在美國之前就在歐洲得到了廣泛運用。歐洲經常將超市當成採購日用食品、醫藥零售商的貨源。沃爾瑪則極大的發展和利用了倉儲經營的模式，在設置新賣場時，會盡可能以其現有的配送中心為選擇的出發點，以縮短送貨時間，降低送貨成本。配送中心則會根據每個分店的需求，對所需商品進行就地篩選、重新打包和配送的工作。這種「零庫存」的做法，類似今天的網路零售商，而這種做法每年為沃爾瑪節省了高達數百萬美元的倉儲費用，進而為沃爾瑪節約了大量的成本。

早在沃爾瑪的創業初期，經營者就提出了「永遠比對手節約成本」的口號，而我們可以看到，時至今日，沃爾瑪依然把成本控制做為該企業最核心的經營理念。這一點不僅體現在它的貨源成本控制上，更體現在其經營的各個環節和過程中。

3、先進的物流資訊技術 完善的供應鏈

在商業活動中，先進的資訊系統既能保證企業即時瞭解相關的經營狀況以及市場的發展變化，以便做出即時應對，又能提高工作效率，降低成本。這也是沃爾瑪公司投資4億美元，透過休斯公司發射了商用衛星，實現全球聯網的目的所在。

沃爾瑪在美國擁有相當健全完整的物流系統，配送中心是其中的一小部分，除此之外，

還包括複雜的自動補貨系統、資料輸入採購系統等等。它利用自己的資訊系統，將資料掃瞄直接透過網路向公司總部傳遞，使公司快捷地收到回饋資訊，進行供貨鏈的管理。系統還可以在庫存減少時，代替採購指令，發出提示，進行自動訂貨。

先進的資訊技術，使沃爾瑪達到了銷售與配送同步，配送中心與供應商運轉同步的目的，大大提高了工作效率，降低了成本。更使得沃爾瑪可以在售賣商品的價格上佔絕對優勢。

4、善待員工，以人為本

沃爾瑪創始人沃爾頓曾經說過：「沃爾瑪的業務75%是屬於人力資源方面的，是那些非凡的員工肩負著關心顧客的使命。」他認為應將企業的人力資源視為企業的最大財富。

著名的《財富》雜誌曾這樣報導過沃爾瑪：「花大錢透過培訓提升內部員工的素質，進而贏得雇員的忠誠和熱情，它的管理人員中有60%是從工讀生做起的。」在沃爾瑪的人力資源規劃中，提倡著重強調的是員工的平等待遇和建立良好的夥伴關係。沃爾瑪向每一位員工實施利潤分紅計畫、獎金福利制度，它還提倡每個員工所負責的區域就是一個獨立的店鋪，每個人就是自己店裡的總負責人，極大地調動起員工的積極性和創造性，提高了工作效率。

雖然沃爾瑪企業經營不過近半個世紀，但它確實是零售企業中令人矚目的品牌。綜觀沃爾瑪的經營理念和模式，以及在服務上的突出特色，我們可以看到它手中的品牌權杖，正是任何一家企業想要成為老字號所需要具備的品質：優異的服務和經營理念。

當然，沃爾瑪獲得成功的原因不只於此，其形象行銷、企業文化等都是其成長繁榮的基石。它在全球500強的榜首上，也為更多的企業做出了表率和榜樣。而所有這些，例如如何實現企業管理的現代化，如何讓經營管理思想達到一種較高的水準，如何讓高科技手法為我們的經營所用等方面，沃爾瑪都給了我們啟示，供我們的企業去思考、去借鏡、去創造性地運用。我們也期待，我們的企業都能成為手握「致勝權杖」的企業，走得越來越遠，成為行業的老字號品牌。

專家點評：

對「做對的事情」日復一日地堅持，是成功的訣竅。企業的每一個發展階段，都離不開對核心問題的深刻認識和堅持。保證產品和服務的品質，樹立正確的經營理念，不斷完善行銷戰略和企業文化，都是企業在自身的不斷發展過程中必須重視的問題。時刻保持與時代接軌，感受環境的各種微妙變化。從消費者需求到產品生產，再到經營管理過程的每一環節，都必須同時保持內部和外部的協調一致。一個好的企業就像一個好的運動員，在不斷的鍛鍊之中，感受對自身的控制和自身對所處環境的適應，進而獲取最佳的狀態，取得每一次競賽的勝利。

第三章

酒香還怕巷子深，傳統與現代的聯姻

以前我們常說：「酒香不怕巷子深。」過去的企業只要品質好，就不怕沒銷路。但如今大家正處於一個資訊爆炸的時代中，太多的選擇要依賴於外界的資訊，因此酒不僅要香，還得向大家「吆喝」，讓大家都知道你的酒好。路易．威登的不老傳奇，「GE」的廣告攻勢，無不顯示出傳統的老字號正在努力開拓現代市場的勁頭。在它們身上，傳統與現代契合的精神，是老字號們值得驕傲的資本，也是它們最終能被更多的消費者認可和接受的原因。

第一節

「LV」的時尚傳奇

成就輝煌傳承品牌

相信很多人對路易．威登並不感到陌生，如果不知道這個名字，那麼印有「LV」標誌的箱子大家都喜歡吧！路易．威登就是這個品牌的創始人。

路易．威登出生於十九世紀法國的一個小村莊，他幼年的時候跟隨父親做木匠，熟知各類木頭的特性，這為他日後創建「LV」打下了基礎。

拿破崙二世登基後，他和他的皇后要去歐洲旅行。路易．威登就是當時為他們打點行李的一個小僕人。經過路易．威登打點過的衣服，再次從箱子裡取出來後依然平整，這讓拿破崙二世的皇后感覺到了他的不凡之處，他很快就得到了皇室的信任，以後無論他們去哪裡旅遊，都會帶著這個年輕的小夥子——路易．威登。

跟隨皇室旅遊的次數多了，路易．威登感覺到旅行的人並不會因為語言或天氣煩惱，他們往往會為旅行用具感到頭疼，於是，他的注意力漸漸地就放在怎樣為旅行者提供更方便、更體貼的箱子上。

出於對箱子實用性的敏銳感覺，憑藉自己的聰明才智，路易．威登終於在1854年，在巴黎有了一間屬於自己的皮具店。也許當時路易．威登自己還並沒有意識到，他的這一舉動已經標示著一個經典的誕生了。

開始做箱子生意時，儘管有來自皇室家族的支持，但路易．威登的生意並不好做。那時法國的貴族們只認產自英國的箱子，路易．威登競爭對手主要是來自英國同行，可是這並不說明英國人的箱子比他的好，而是當時的法國貴族們認為外來貨更能體現身分，而這也使得年輕的路易．威登激發了要和英國人較量的雄心。事實證明他成功了，依靠著平蓋箱子的獨特設計，路易．威登成為法國最耀眼的品牌之一。如今，路易．威登創造的「LV」品牌，在巴黎就相當於一座藝術博物館，是巴黎時尚的典範，也是巴黎最迷人的旅遊景觀之一。就算是買不起「LV」品牌的箱子，很多人也要到那裡去看看，見識一下奢侈品到底是什麼樣子。

用細心和體貼贏得聲譽

現在的平蓋箱子對我們來說已經很普通了，但是對一百多年前的法國來說，那時的人們還在為火車、輪船上不停滾動的行李包發愁的時候，這種行李包可是時髦又實用的旅行必需品。這種平蓋箱子正是出自路易．威登大膽又創新的設計。堅硬旅行箱的誕生，讓使用者更覺貼心，這種行李箱不僅能適應長途顛簸更能防雨，我們現在用的那種硬式行李箱就是延續了路易．威登的設計。

這種體貼的箱子，很快使整個法國轟動起來了。那時不管達官顯貴還是平民百姓出遠門的時候，第一個想到的是：我要去路易．威登的店裡，讓路易．威登的箱子為我打點行李。

路易．威登遵循著旅行者使用方便的信條，一再努力打造自己獨特的箱子品牌，他的品牌日漸專業化的同時，也成了奢華的代名詞，因此贏得了全世界各界人士的青睞。

守業比創業更難

青出於藍勝於藍，這句話用在路易．威登的兒子——喬治．威登身上就體現得淋漓盡致。

當一個一個品牌進入市場後，有三個成本需要企業考慮，具備三個成本的品牌才有資格談品牌的進一步提升。第一個是品牌進入市場的導入成本；第二個是品牌導入市場以後的維護成本；第三是導入成本後，當品牌在市場中的地位下降時，需要進一步提升的成本，或者想把品牌地位進一步提升的成本。後兩個成本也是老字號必須面對的問題。

類似於「LV」這樣的品牌，在市場當中的地位維護成本就是一筆不菲的財務支出。這只是用於維護品牌的成本。如果要提升的話，就需要更多的投入。這個成本是相當高的，因此企業若想對品牌的塑造做長遠打算，就必須明確是否具備這個成本和能量，否則就會成了「殺雞取卵」。而如果一個品牌價值得不到維護，那這個品牌過去的投入就會全都浪費掉。

創業的最初憑藉一腔熱血豪情打拼的天下，最怕的就是安於現狀。要想維持現狀，不光需要堅持當初的理念，更要不斷地自我突破自我提升。從為皇室服務到有了自己的工廠，路易．威登可謂是一帆風順，但是，他的繼承人能再次創造輝煌嗎？現在看來，這點是不必擔心了，喬治．威登並沒讓他的父親失望。他發明了「5-tumbler」，這是一種特別的鈕釦，這種鈕釦簡單到只要一把鑰匙就能開啟所有路易．威登箱子。在那個時代，這項發明不僅解決了旅行者的麻煩，也讓喬治．威登一舉成名。另外，Damier圖案的出現，是喬治．威登為擴大父親名氣市場的又一大貢獻。

但是，LV的名氣越大越會招來妒忌，那些心懷不軌的仿製者們一再竊取路易．威登的成果，這給喬治．威登造成了很多麻煩。這不僅使真品牌「LV」遭受了巨大的損失，同時也讓喬治．威登發生了警覺。於是他更加努力地將自己父親的品牌清晰的注入人們的頭腦中，這個過程當然也花費了不少心血，但是最終他的努力終於使「LV」標誌化的進入了人們的頭腦中。「LV」商標誕生了，起初這個字型大小只出現在帆布包上，但很快它就成了路易．威登的代名詞。

一個品牌的誕生會對未來有很多啟示，一個好的品牌總是能經過歲月的磨礪而發光。當然，一個品牌的發展，是不能侷限在品牌的創新上，所謂的經營理念也同樣重要。那些在一定領域取得成就的「CEO」們還在艱難摸索的時候，LV的經營者們在經典的產品下，已經探索出了自己獨特的經營方法。

展現異樣的光芒

什麼才是百年品牌生生不息的動力呢？它的個性和魅力是否是我們更應該讚美並且崇拜呢？

1990年，「LV」推出了和體育有關的箱子系列，開拓了更大膽、更廣闊的思路，這標示著一個新紀元的開始。那些體育明星或是體育迷們，似乎早就盼著這款箱子的問世了。

1997年的一個陽光明媚的日子，LV做出了一項大膽嘗試，那就是Marc Jacobs的加盟。Marc Jacobs不僅僅為LV的藝術總監，也是為LV注入新鮮血液的開闢者，這也是源於「LV」經營者的獨到眼光和對未來發展的洞察力開始的又一改革創新，他設計的Monogram Vernis系列深受好評。

今天我們已經看到，這個有著百年歷史的老字號「LV」還在探索，那麼明天它是不是還依然活力四射、依然能夠帶給我們全新的感受呢？答案似乎很明確了。

其實一個品牌的發展也是一部很感人的成長歷史。「LV」從過去的一百多年到未來，它仍然堅持著自我，也堅持著創新。這個以經營箱子為生的商店，經歷一百多年的歲月，仍然家喻戶曉。並且在經歷了各種變革後，依然是那顆最耀眼的星星。

觀念更新和藝術展現

我們曾經說過，喬治．威登沒有讓路易．威登失望，而同樣的，喬治．威登的兒子照樣會讓路易．威登感到驕傲。

原來，行李箱的箱體都是用一種黏合膠來固定的。這種黏合膠的原料主要是一種黑麥麵，這種膠黏度大，操作簡單，可是讓人煩惱的是，這種膠乾了以後竟然招來了大量的老鼠，那些老鼠不光啃食乾膠，連那些刷好膠的箱子也不放過。卡斯頓．威登用盡了辦法驅趕那些令人討厭的老鼠，可是老鼠依然活動猖獗。卡斯頓．威登決定嘗試用另外一種膠來代替這種黑麥麵製成的膠。經過多次試驗後，卡斯頓．威登終於成功的研製出了新型膠，這種新型膠不僅刷起來輕便，更重要的是它的那種氣味竟然使得大批老鼠遠離了製作廠房。

「LV」創業滿一百週年的時候，卡斯頓．威登將店面遷至巴黎的馬爾索路，這就是後來世界聞名的「LV」旗艦店。在卡斯頓．威登管理家族事業的時候，他借鏡歐洲的藝術理念，並把這種理念融進自己的產品中，慢慢地，LV品牌成為了一種身分的象徵。

用一種新的思維詮釋「LV」

卡斯頓．威登的兒子亨利．威登在童年時期就清楚地知道自己將來要擔負的任務，而卡斯頓．威登也注重培養他的交際才能，他常常有意的帶著幼年的亨利．威登去出席各種商業活動，也總是讓他進入工廠的製作廠房去熟悉「LV」箱子的工藝流程。

亨利．威登掌管事業的時候，他有了像爺爺一般創造歷史的熱情。面對全球經濟的飛速變化，他感覺到必須用新的理念來詮釋「LV」的形象。於是他花高價聘請了著名的傳記作家皮埃爾．達利巴爾寫了一本名叫《記憶中的行李箱》的書。這本書問世後，正趕上美國文化挑戰法國文化的時刻，恰好符合了法國人的潛在心理，也可以說，這本書重新激發了法國人對本國文化的信心，並且鞏固了「LV」在法國文化中的精神地位。

八〇年代初期，「LV」品牌被貝爾納·阿爾諾收購，這是路易·威登家族掌控自家品牌的終結。雖說這個百年老字號的奢侈品牌如今花落他家，但路易·威登家族的成就始終是法國人的驕傲。

「LV」的經歷讓我們看到，一個品牌的精彩是來自不斷的追求和自我的超越。距今為止整整一個世紀過去了，世界歷經了很多變化，人們的追求和審美觀念也隨之而改變，但「LV」不但聲譽卓然，直至今日依然保持著無與倫比的魅力。在它的身上，我們看到了許多老字號缺乏的品質：敢為人先、勇於引領現代生活潮流、勇於將傳統與現代聯姻……正是這些品質讓它有資本朝更廣闊的天地邁進。我們有理由相信，它會再書寫出法國老字號的輝煌篇章。

第二節

「GE」的廣告變身

一說到湯瑪斯．愛迪生，大家一定會聯想到電燈、留聲機等，他一生總共給人類留下了一千多項發明。雖然他的發明與名言很多人都耳熟能詳，但卻很少有人知道他還給世界留下了當今最大的多元化服務性公司——通用電氣公司（GE）。

在GE這麼一個龐大的產品帝國中，無論是飛機發動機、發電設備、金融服務，還是醫療造影、電視節目和塑膠……幾乎無所不有。GE公司正致力於透過多項技術和服務，為世界創造出更加美好的生活。

GE在全世界的100多個國家開展了業務，擁有員工近300,000人。如今，傑夫．伊梅爾特先生於2001年接替了開創GE二十年傳奇的CEO傑克．威爾許，擔任了GE公司的董事長及首席執行長。在新世紀中，他又將如何帶領GE這個已跨越了三個世紀的「老人」繼續不老傳奇呢？而做為自道瓊斯工業指數設立以來，唯一一家至今仍在指數榜上的公司，GE創造的那一個個驚人數字，是值得我們認真去學習的。

六西格瑪的品質管制

品質是所有企業成功的必要條件。當今世界，競爭愈演愈烈，如果沒有高品質的產品，一個企業最終將走向滅亡。而對品質嚴格把關也是GE一百多年來長盛不衰的祕訣之一，尤其是在強力推行六西格瑪品質管制，將品質徹底帶入了企業文化當中之後。

GE並非六西格瑪品質管制的發明者，卻是運用最成功的企業之一。六西格瑪其實是統計學中一個測量錯誤機率的計量單位，約為百萬分之3.4，即平均每一百萬個產品中只能存在3.4個次品，這個要求可謂非常嚴格。

而推行六西格瑪品質管制，GE同時也給消費者傳遞了一種積極的信號。讓大家在使用這家百年老字號的產品時更加放心。而有了品質的保證和用戶的滿意，GE品牌在消費者心中的地位自然穩如泰山。近幾年品牌價值排行榜長期高居三甲的成績，就是這一點的最好反映。

數一數二原則

如果要找出一個品牌延伸的代表企業，我想大多數人最先想到的便是GE。我們先看一組GE創造的資料：在傑克．威爾許在任的二十年時間裡，通用的價值從120億美元猛增到2,800億美元，世界排名也從世界第10位提升到第2位。而這段時間中GE共完成了993次兼併，出售了350項業務，收購900項業務，總共花費1,500億美元，公司營業額從1981年的250億美元，增加到1,250億美元。在GE看似瘋狂的併購背後，卻一直堅持著一條原則——不是第一就是第二。

威爾許曾經說過：「我們要實現數一數二的硬性目標，整頓、出售或者關閉，我們的戰略非常的簡單明瞭。」我們知道，品牌延伸指的就是企業利用現有的成功品牌，推出新的產品，擴大品牌覆蓋產品的範圍，延伸產品線，這樣就能更快地進入市場。因此在經濟高速運轉的今天，看到眾多知名企業爭先運用品牌延伸戰略就不足為奇了。而一旦品牌得到了成功延伸，不同產品能夠共用成功品牌的「光環效應」，尤其是GE，他們堅持的數一數二原則，不僅有利於產品的行銷，還有利於推動品牌發展。

超級郵輪 or 快艇

威爾許在談到GE時說過：「有些員工把GE比做一個超級大郵輪，壯碩無比又穩穩當當地在水面上航行，而我更希望GE像一艘快艇，迅速且靈活，能夠在風口浪尖上遊刃有餘。」確實如此，威爾許先生對GE最大的貢獻不是讓GE的價值翻了幾十倍，而是即時發現了公司中存在的幾大弊端，並對症下藥，讓GE這艘超級大郵輪朝著正確的方向航行。而剷除這些弊端正體現出了GE一貫推崇的三個傳統中的渴望變革的原則，另外兩個傳統則分別是堅持誠信和注重業績。

幾乎所有人都清楚變革的重要性，但凡變革必定要受到「保守派」的強烈阻礙，甚至反對。尤其是對GE這麼一艘已經航行了百年的超級大郵輪而言，突然改變航道，其困難可想而知。威爾許剛上任不久，便憑藉他敏銳的嗅覺發現了當時存在於GE中的制度和文化方面的三大弊端：行動遲緩、形式主義和陽奉陰違。而形成這三大弊端的主要原因則是，組織結構的紛繁複雜以及官僚主義作風的橫行。儘管這兩種情況出現在一艘「超級大郵輪」裡面也是十分正常的，但為了使GE變得更加像一艘快艇，精簡機構、減少管理層級是當時GE做出的不二選擇。

剛一上任的威爾許，就大刀闊斧地削減了繁冗的機構和管理人員。當時，公司中有員工40多萬，可是光經理就有25,000人，其中高層經理有500多，副總裁更是達到了令人瞠目的數目，總共有130個。而這麼一艘超級大郵輪中，組織階層多達29層，一個生產工程要到達威爾許手上必須經歷12個層級，恐怕業務到他手上時一切就都變樣了。

正因為如此，他用了一個貼切的比喻來形容這種情況，他說：「這就像穿了很多的毛衣，毛衣就像組織的隔離層，當你出門時穿了4件毛衣，你就很難感受到外面的天氣到底有多冷了。」另外又有人將公司比做一棟樓房，其中地板就好比組織中的層級，而房間的牆壁則好比公司中不同職能部門間的障礙。為了獲取最好的經營效果，公司就必須將地板和牆壁都拆除，創造出開放的空間，讓員工的各種想法能夠自由的流通，而不受「地板」和「牆壁」的限制。

因此從1981年起，他砍掉了至少350個部門和生產、經營單位，將公司員工裁減至不到30萬。所以有人戲稱他為「中子彈傑克」。也就是說他像中子彈一樣把人幹掉，同時使得建築物完好無損。

照這麼說，將他比做中子彈並不十分恰當，因為威爾許連建築本身也要加以摧毀和改造。在裁減冗員的同時，盡量壓縮管理層次，並提出強制性要求，全公司任何地方，從一線員工到他本人之間不得超過5個層次。這樣，原來高聳的寶塔形組織結構，一下子變成了低平而堅實的金字塔形結構。而GE也變得更迅速靈活，更像快艇而不是超級大郵輪了。

夢想啟動未來

前幾年GE正式改用口號「夢想啟動未來」（Imagination at Work），與此同時原來的口號「GE帶來美好生活」也光榮結束了它二十四年的使命。雖然放棄原來的口號必定存在很大的風險，套用一篇文章中的話說就是：這就如同相伴多年的夫妻離婚一樣，也許能帶來浪漫，但也可能失去現有的一切。

但GE在2002年的一個調查中，明白了更改口號的必要。他們就原來的口號「GE帶來美好生活」（We Bring Good Things to Life），對其消費者、客戶、雇員甚至包括投資者在內，做了全面的調查後發現，超過八成的人，聽了如上口號之後都會聯想到燈泡、冰箱之類。而這與當時或現在真正的GE相差甚遠。為了讓消費者、客戶等對GE有一個更好的認識，新口號「夢想啟動未來」就讓大家能聯想的範圍更寬廣，這也更符合真實的GE，而不是僅限於電器。

新的品牌口號的推出，也帶來了GE品牌戰略目標的轉移。即將GE塑造成為一個充滿想像力和創造力、科技領先的企業；成為一個不斷挑戰自我、追求最佳業績的企業；成為一個一群有夢想、有熱情的人組成的企業。

不僅如此，GE還特意為新口號推出了許多新廣告。GE一改往日僅靠品質取勝的做法，開始大做廣告，目的是向大眾傳遞一個新的GE，一個不同於威爾許時代的GE。而之前GE是很少打廣告的，在新廣告裡出現的都是我們再熟悉不過的東西，包括空氣、水、風、油等。藉助奧運，GE大打形象牌，希望告訴大家一個真實的GE——綠色、環保，而不是大家所想到的能源、機械，讓我們在聽過GE這個名字之後，首先想到的不再是電器、污染，而是環保和夢想。這一招的效果如何，我們還不能輕易下結論，但相信看過這些廣告之後，大家都會對GE有一個新的認識和理解。

走過百年的GE靠的是穩健，「穩」字當頭的GE在一百多年歷史上只有8任總裁，而且全是出自GE內部。之前的每一任都創造了一段傳奇，如今到第八任伊梅爾特手中，他決心讓GE「變臉」，而這一「變」也正穩穩當當地進行著。「穩」是GE的靈魂，而「變」則是GE的外表，正是這兩者的完美合作，才讓GE走過了三個世紀，並將繼續走下去。

專家點評：

數位資訊時代，網際網路大行其道的今天，對企業的市場行銷乃至生產經營方式，都產生了深遠的影響。這種迅速而巨大的變革對企業而言，既是機遇，又是挑戰，只有將傳統帶入現代化的軌道，才能賦予其源遠流長的活力之源。企業不能以不變應萬變，而應該保持高度的敏感，即時收集各方面資訊，分析制訂相對的策略，以「思變」的心態應對市場格局變動。

第四章

老字號永保青春之路

「可口可樂」、「家樂福」，這是兩個成熟的「老字號」、老品牌。在它們身上，我們能看見一個真正充滿活力的品牌，在經過時間的洗滌後，變得更勇、更新、更具力量。這樣的力量，為我們的企業提供了寶貴的經驗。讓我們有信心期待，我們的眾多老企業、新生企業，透過努力就能擁有這些力量，為自身、社會創造出更多的財富和更多的「持久價值」。

可口可樂的持久價值

上個世紀一項資料調查顯示，全球最流行的3個詞分別是「上帝」、「她」和「可口可樂」；同時，根據世界權威機構美國《商業週刊》與全球著名品牌諮詢機構Interbrand聯合評選並發布的「2007年度全球最有價值的100個品牌」排行榜上，可口可樂以653.24億美元的品牌價值位居榜首，並連續九年蟬聯。

可口可樂是全球最大的飲料公司，也無疑是最流行的、被人們廣為知曉的品牌之一。它的成長和經營也給世界樹立了一個成功的榜樣。那麼就讓我們來著重挖掘這個品牌背後的成功經驗和探索之路，探討企業永保青春的出路和關鍵因素，讓其身上的經驗成為一些可以發光的星辰，照耀我們企業發展的星空。

從可口開始，由可樂延續

1885年，美國醫生潘伯頓（Dr. JohnS. Pemberton）在地窖裡把

碳酸水加蘇打水攪在一起，混合成了一種深色的糖漿，這種糖漿入口美味奇特，這也就是可口可樂的原型。後來經由合夥人羅賓遜（Frank M. Robinson）加以包裝，從糖漿的兩種成分——可樂葉子和可樂果中提煉出的濃縮液，激發了他為之命名的靈感。於是有史以來最成功的軟性飲料Coca-Cola就此誕生了。

1886年5月，可口可樂首次在美國喬治亞州亞特蘭大市的雅各藥店面世。亞特蘭大商人艾薩．凱德勒收購了可樂可樂的經營權，經過不懈的努力，實現了可口可樂大規模的瓶裝生產，使得可口可樂在美國洲際的經營拓展到了跨地區和跨國經營。

1892年，可口可樂公司（Coca-Cola Company）成立，總部設在美國喬治亞州亞特蘭大。公司透過向外擴張，在加拿大、古巴等設立分支機構。1928年已經開始積極向奧林匹克運動投入贊助。後進軍歐洲市場。隨著國際化擴張，可口可樂透過全球最大的分銷系統，在世界上超過200個國家及地區暢銷，銷售量達每日10億杯以上，佔全世界軟性飲料市場的48%，成了全球最大的飲料公司。而其可口可樂的品牌價值已超過700億美元，成為世界第一大品牌。

可口可樂的成長彷彿一個美國神話，由最初製藥失誤產生的可口飲料為開端，以相當縱深和廣闊的產品行銷鏈和品牌拓展，將觸角深入到了全球所有飲品可能存在的地域，不得不說是一個品牌奇蹟。

產品風行的根基和座標

產品不會說話，也不會自行移動，但它必須擁有能被消費者廣泛接受的功能和用處，才會具有真正的價值。優質的產品，是一種產品風行世界的根基。

可口可樂飲料的配方，迄今為止，除了持有人的家族之外無人知曉。同時，可口可樂公司也會嚴密防止自己的員工偷竊配方。創造所謂祕方的神祕氣氛，同樣有助於銷售。可口可樂公司甚至有言論宣稱，祕密的配方對產品本身而言並沒有多大的實際意義，成功的真正祕訣在於這個產品的品牌，在一個多世紀中所奠定的基礎和產生的影響。所謂配方的祕密，是可口可樂出名的七種味道吸引顧客的重要原因。

可口可樂風行的另一個原因，是它固守要讓人人都買得起的信條。從1886年到21世紀的五〇年代，每瓶可樂的成本極低，還不到1美分，出售價格也只有5美分。因此，不僅是美國等發達國家，第三世界國家的人們也能買得起可口可樂。就是在戰爭或其他困難時期，如三〇年代經濟大蕭條和最近的不景氣時期，可口可樂仍保持著較好的銷售水準，暢銷不衰。

1923年，早期可口可樂推銷員哈瑞遜．仲斯就曾說過一句話：「要讓人們無法迴避可口可樂。」可口可樂的滲透，要讓其產品無處不在。讓人伸手可及、唾手可得，無論是舞廳、理髮店、辦公室或者火車、飛機等地，可隨時取用、隨地享受，這種廣撒網式的行銷模式，讓可口可樂滲透到人們生活的各個方面。

美好的口感、配方的神祕感、無所不在、無時不有的「買得起」飲料，不僅解渴，還能提神；再加上許多可供選擇的品牌和口味，構成了一個完整的風向球，指引著消費者以可口可樂做為飲料的選擇，並推動了可口可樂在全球範圍內的風行。

產品拓展和品牌延伸

「一招鮮」，不是任何一個企業發展的長久之計。眾所周知，可口可樂公司是目前全球最大的飲料公司，也是軟性飲料銷售市場的領袖和先鋒，可口可樂發跡時只有一種產品，但如今，這家公司同時在銷售400多個品牌的產品。在世界上排名前五的無酒精蘇打水飲料品牌中，屬於可口可樂公司的品牌就有四個。

當你在琳瑯滿目的飲料貨架上尋找合適的一款時，也許你最後選擇的幾款飲料都是可口可樂公司出品的。它的商品包括碳酸飲料汽水、果汁、運動飲料、乳類飲品、茶和咖啡。同時，可口可樂也是全球最大的果汁飲料經銷商。在擁有了眾多的品項類型後，可口可樂要佔據更多、更細分的市場比例，少不了對品牌進行延伸和拓展。

一般而言，品牌延伸一般有兩種形式，其一是沿用原來的品牌名稱，附加新的品牌價值和意義；而另一種則是推出新品牌，但仍然以原品牌做為信譽基準。可口可樂公司的品牌延伸策略，全部是採用推出新品牌的方式。於是我們看到，可口可樂大家族中，除了最基本的品牌可口可樂之外，還有強大的後備陣容，均以可口可樂為品牌基礎的系列有：雪碧、酷兒、健怡可樂等品牌。

以原有品牌為信譽基礎而進行新品牌延伸的好處在於，可以最大程度地防止新品牌投入失誤或其他對原有品牌的傷害。對可口可樂這個品牌而言，一個旗下新品牌的成功與否，對其強大的品牌帝國並不會造成致命的傷害，可以把影響降低到最小。但如果採取直接對可口可樂這個母品牌進行延伸的方法，一些手法失誤就可能造成帝國大廈的坍塌。所以，可口可樂針對不同的品類，逐步延伸出了大量的成功品牌，是相當成功的品牌延伸範例。

值得一提的是，所有這些品牌的延伸也並非是觸及多端領域，它們都聚焦於飲料行業，並不觸及可口可樂做為飲料品牌延伸的底線，即並不做跨行業的品牌延伸。因此，可口可樂憑藉其已經存在的強大品牌實力，堅信其只要不跨越出飲料類市場，任何的飲料品牌延伸都可以進行嘗試和開拓。而可口可樂開發的系列產品中，同樣存在著失敗的情況，這並不是品牌延伸的問題，而是它們所選擇的產品種類、產品本身是否能夠打動消費者的問題。這樣的探索和嘗試，也使得可口可樂更具挖掘市場潛力的主動性和品牌開拓性。

無論是大型超市、小型便利店，還是自動售賣機上，在我們的生活中，可口可樂的產品幾乎無所不在。可口可樂的主打品牌和商標在全世界已經具備深遠的影響，而其不斷標新立異，推出新的如芬達、雪碧等新的品牌，在許多國家也漸漸家喻戶曉、享有盛譽。無論你身在何處，當你手握一瓶飲料，也許你不並瞭解它與可口可樂的淵源，但你領略到的依然是可口可樂給你帶來的享受。

品牌形象的塑造和完善

1．大打情感牌

在品牌行銷界，甚至還廣泛地流傳著這樣的一種說法：即使可口可樂公司在全球的生產工廠一夜之間被大火燒毀，只要可口可樂品牌還在，用不了多長時間新的可口可樂王國就可以重新建立起來。一方面說明了可口可樂這個品牌的舉足輕重，另一方面說明了企業的核心價值最終歸於品牌的塑造和完善，只要品牌不倒，企業就將常青。

當不少企業還在以產品、功能、個性或者不知道該用哪個點來吸消費者的時候，可口可樂的品牌理念裡出現了「情感」的訴求。人類最依賴的是情感，愛情、親情、友情、溫情、熱情、離別之情、相聚之情、等待之情、期盼之情、師生之情、風土民情等等。在產品中添注情感，能用「心」去跟消費者溝通，無疑是最高妙的一招。特別是對有傳統和閱歷的老字號品牌而言，品牌不僅僅代表一種產品和信譽，更代表著一種情感。可口可樂深諳這一點，品牌文化本身讓人感受到的也是一種情感。而許多品牌看似在推崇某種文化或情感交流，但最終目的並不是為了培養消費者的一種情感，所以這樣的品牌文化一定是不成功的。

基於此，對世界第一品牌可口可樂來說，「沒有一種感覺比得上回家」，並就此推而廣之，「沒有一種品牌建樹的手段比得上與目標群體建立良好的情感更重要」。可口可樂在嚴格遵守理性「情感」基礎的過程中，創造出的友善歡樂氛圍，它不斷提出一些日常、通俗但越來越深入人心的「情感驅動符號」，例如表達生活熱情的「要爽由自己」、表達天倫之樂的「春節帶我回家」等等，實際上是想讓消費者與可口可樂融為一體。

2．大手筆的廣告投放

在品牌塑造方面，可口可樂不惜大手筆地以公關、廣告等方式，讓自己的品牌形象和文化深入人心。早在1911年，可口可樂就花了一百多萬美元做廣告，雇請了畫師在美國各地的白牆上，宣傳那著名的紅底白字的產品標誌，其覆蓋面積達五百多萬平方英尺。此後可口可樂就在廣告投入的道路上沒有停歇過，這也使可口可樂成為世界廣告做得最好的產品。

可口可樂曾強調，它所投放的每個廣告都要達到一定的目的。可口可樂公司一開始就善於聘請名人做廣告，它曾使用棒球巨星泰・科博或女明星希爾達・克拉克做廣告，希望達到名人的廣告效應，讓消費者中許多明星「粉絲」追隨。到20世紀三〇年代，克拉克・拜伯、簡・哈羅和瓊・克勞馥等有名的影星都為可口可樂公司做過廣告。

當然，過分依賴名人的廣告效應也是有危險的。往往觀眾記住的是廣告裡出現的明星而不是產品。基於此，可口可樂公司透過啟用已故明星路易斯・阿姆斯壯、哈姆弗利・伯興特等人的形象來做小品廣告，進而避免了明星廣告中產品被忽略的問題。

可口可樂的廣告策略最主要的一個要素是，吸引一般人的欲望。從20世紀五〇年代開始，可口可樂公司就製作出一種在各種文化背景中都通用的，只需修改少量或根本無需修改的模型廣告。這樣一來，一方面節約了廣告的製作成本，一方面體現了可口可樂廣告已經具備了普遍的、放之四海皆能被大眾接受的魅力。

為了加強宣傳的效果，可口可樂公司不斷在全球範圍內贊助各種體育比賽，大到奧林匹克，小到各種國家地區的比賽。同時也贊助音樂會等各種盛事。對體育會和音樂會的宣傳，主要是為吸引青少年消費群體。可口可樂深知在年輕人中樹立了信譽和品牌地位，也就意味著獲得了長期的消費市場和潛在的消費動力。早在1894年，可口可樂發行的明信片上印著身穿海軍制服的三個男孩喊著：「我們要喝可口可樂。」後遭到了政府的起訴，原因主要是由於可口可樂中含有能使兒童成癮的成分——咖啡因。隨後，可口可樂便撤銷了針對12歲以下兒童做的所有廣告。但分銷商以發送帶有可口可樂標誌的便條紙、直尺等學習用品，並採用聖誕老人來推銷產品等方式，依舊贏得了稚齡消費者的市場，有效、一致的廣告和促銷，使可口可樂牢牢鞏固了它的品牌影響力。

優秀的品牌是有個性的、活生生的，能與消費者建立起深厚的情感樞紐。所以品牌的樹立必須考慮消費者在使用和接受品牌時的日常經驗和感受，以及他們的想法、認知態度和心理需求。可口可樂在它的品牌形象塑造和完善中，良好地反映了這一點，它始終圍繞著這個品牌建設的基本套路，讓全世界的人們都來認識它獨特的包裝與標誌、美好的口味與感受，以及快樂的心情。

本土化經營 統一管理

無數跨國經營的經驗和教訓告訴我們，如果想在全球範圍內推銷產品，千萬要入境隨俗，把自己打扮成「本土人」。20世紀二〇年代，當可口可樂制訂全球發展戰略時，便致力將可口可樂發展成在德國就要成為德國人所喜愛的飲料，在法國銷售便要成為法國人所喜愛的飲料。在具體「喬裝打扮」成本土人時，可口可樂公司與當地的主要飲料企業簽訂分裝合約，透過當地公司製造卡車、罐裝瓶、托盤，並提供商標等辦法，來進行飲料的配套生產，唯一在公司本部出口的東西就是可口可樂濃縮液。十年來，可口可樂公司在全球各地培養了一大批瞭解當地文化習俗的經理，為自己的本土化進程儲備了人力資源。

本土化，本身就是一個更貼近本土風土民情的理念。本土化的產品往往突破和迎合了與消費者的情感，打破了原有的生產規矩，適應了消費者的需求。「放眼全球，始於足下」是可口可樂一直堅持的原則，可口可樂公司在本土化的經營更加顯示了其中的智慧，並用它指導經營。每到一個新的地方開闢新市場，可口可樂的第一個任務就是建立基礎設施，購買卡車、建立濃縮廠、製瓶廠、灌裝廠，製作銷售標記等等。用他們的話來說，好像時間又回到了1905年，一切都是新的開始，讓可口可樂更好地親近本地的消費者，瞭解他們的需求，並做出相對的生產品牌調整，不斷開發出新的品牌，讓自己的足跡和新生品牌遍布每一個打了紅色「可口可樂」標誌的地區和國家。

可口可樂遼闊的足跡並不是它最有威力的部分，公司最強大的能量還在於它有機地將分散在全球的企業機構，無形中成了統一一致的管理經營模式。該模式的核心構成就是飲料的瓶裝系統。瓶裝公司則是由可口可樂總公司授權的，可以經銷公司產品但在經營上獨立的當地公司。這些公司的功能是在當地的授權範圍內，高品質地完成生產並進行銷售。

當然，在變革與傳統之間需要做出選擇的時候，可口可樂也暴露出它的弱點，就是不願意改變現有的狀態。直到1903年，可口可樂才去掉了飲料中的可卡因成分。五〇年代則不願推出新口味，強烈反對大瓶裝可口可樂，也不願用搖滾樂做廣告。實際上，提高可口可樂的零售價格等是勢在必行的改革。到了八〇年代，可口可樂總裁羅伯特·高祖特下定決心刺激一下這個保守的公司，決定生產減肥可樂時，事實證明他的主張是正確的。當1985年新配方遇到市場困難時，又靈活地採用了原有的配方，進而避免了一場災難。可口可樂的本土化策略中，也反映了它在傳統與變革中的平衡，以到了最優化的配置和收益。

危機應對與管理

本書上文已經闡述過，所謂危機是指對企業獲利、成長或生存，已經或有可能造成威脅或傷害的事件。一個成熟的企業，不僅僅在於它能為自己的公司錦上添花，在適合自己發展的條件下遊刃有餘，還在於它在面對劣境和危機的時候，依然能從容應對，並將劣勢轉化為新的機遇。危機管理之父米特洛夫曾指出，危機根植於當代社會的經緯之中。美國行銷協會的調查研究也顯示，企業危機處理能力是影響消費者購買決策的第三決定因素。

2003年2月27日，英國著名的《泰晤士報》刊登了一篇題為《祕密報告指控甜味劑》的文章，稱該報根據一份剛剛解密的研究報告發現，早在八〇年代初，美國飲料協會就曾研究過一種在汽水飲料中廣泛使用的甜味劑——「阿斯巴甜」。結果認為「阿斯巴甜」能分解甲醇和苯丙氨酸等有毒物質，進而影響人腦的正常工作。在反對飲料中添加「阿斯巴甜」的同時，這篇報導還指名道姓地指出，包括可口可樂和百事可樂在內的許多飲料廠商，目前仍在使用「阿斯巴甜」。《泰晤士報》的這篇關於食品安全的報導，無疑是一顆重磅炸彈。很快可樂飲料中含有有毒物質的消息，就公布在網際網路上，進而快速地傳遞到了全球各個角落。一場令可口可樂公司始料未及的危機，已經在網際網路的迅速爆發。

隨後，無數媒體開始不斷要求可口可樂對英國報紙的報導給予解釋。可口可樂在這場突如其來的危機中，已經無法迴避，輿論要求它必須迅速並正面地做出反應。於是可口可樂公司決定召開新聞發表會，向新聞界澄清事實。當晚，可口可樂公司副總裁放下所有工作，出現在各大媒體的記者面前，他的發言著重強調了一點，那就是可口可樂生產和銷售的系列飲料中，均未使用「阿斯巴甜」。可口可樂產品中使用甜味劑的只有白色罐裝的「健怡可樂」，而且「健怡可樂」也沒有使用阿斯巴甜，而是採用了甜蜜素和糖精鈉兩種甜味劑，並在外包裝上標明了這兩種成分。而紅色罐裝的可口可樂飲料中，選用的是天然蔗糖，根本沒有使用任何人工合成甜味劑。此外，可口可樂公司還出示了一份美國全國飲料協會2月28日發給英國《泰晤士報》的聲明。該聲明稱《泰晤士報》引用的報告中提出的問題是不存在的，這一點早已經過科學研究證明。阿斯巴甜已經被全球90多個國家批准禁用。美國飲料協會在這份聲明中還批評英國《泰晤士報》刊登的圖片誤導了讀者，因為可口可樂並不含有「阿斯巴甜」。

雖然可口可樂的回應是迅速而有效的，但業務遍布全球的可口可樂公司的生意，還是受到了不同程度的影響，並被迫使用大量資源和人力、宣傳工具進行了一場公關救援。不過，可口可樂並沒因此沮喪，反而將此當成警示，更加注重自己的飲料生產安全了，從後來不斷攀升的銷售額來看，這場波折對於可口可樂的傷害，已經被它的公關救援活動降到了最低。

曾有人說，危機和死亡一樣，是不可避免並且傷害巨大的。危機發生後企業不應該束手無策，而應該採取適當的措施來消除或減弱其傷害性，並最大程度地去維護自身的形象，以便不受損害。由此，危機處理往往也被認為是化危機為轉機的關鍵所在。在可口可樂這場危機事件中我們看到，如許多學者研究證實的，與公眾維持良好關係，這是危機處理的中心問題。公眾對危機的認知是決定企業危機處理是否成功的決定因素。良好的企業與公眾關係，可以增加公眾對企業的親近感，使得在危機事件歸因時，大眾會傾向於對企業有利的方向。這也是檢驗企業平日與公眾關係的危機時刻。

另外，俗話說，謠言止於透明和公開。危機也強調公開和透明，危機發生後，企業應該迅速與公眾進行溝通，而不應該刻意隱瞞真相，要公開告知真相，迅速回應輿論，在某種程度上也展現了企業對危機事件負責的態度，表示一切情勢都在企業的掌握之中，能讓公眾覺得企業正在採取行動，並且有足夠的能力處理危機。另外，迅速溝通才能避免媒體與公眾產生猜測或謠言，才可能使企業搶先取得解釋的空間，採取主動而免於被動。可口可樂企業的成熟，也表現在它在應對危機時嚴格地遵循了迅捷、公開和不迴避事件本身的危機處理方法，進而將危機成地功轉化為一個「露臉」的契機，讓消費者更加瞭解它、信賴它，並依舊願意購買它的產品。

《紐約時報》曾經在1993年發表了一篇題為《為了上帝、國家和可口可樂》的文章，其中有一個重要的觀點是：一個成功的企業需要一群忠實的消費者。其中針對這一點，引述了一位士兵的家信，寫道：在兩棲登陸中最重要的問題，是在第一或第二次潮汐來臨時，岸上是否會有可口可樂販賣機。2001年，可口可樂公司年度報告的封面上畫了一瓶可口可樂，標題為：「持久的價值」。也許，如那位士兵一樣忠誠的消費者，就是可口可樂的持久價值，因為這樣持久的價值，它不惜在生產、經營、銷售、品牌塑造和危機管理等各方面，努力完善自我，擦亮「可口可樂」這個歷久彌新的招牌。讓我們繼續期待，這個老字號的品牌以它的紅白相間、以它不斷更新的品牌，在世界各個角落奉為我們獻它的歡樂和熱情。

第二節

解讀「家樂福模式」

家樂福是法國第一家大型超市連鎖集團，成立於20世紀六〇年代。創始人是兩位極有遠見的企業家德佛荷、傅尼葉。創業之初，他們便根據薄利銷售的理論，以折扣、量販的模式經營。1960年1月，他們在地下室開了一家營業面積為200平方公尺的折扣店。第一次採用了顧客自選以及所有商品均實行打折的行銷方式。因為經營有道，這家折扣店迅速在法國站穩腳跟，緊接著他們又開了幾家折扣店，並於1963年正式將其命名為「家樂福」超級市場。

1999年8月，家樂福和法國另一著名超市集團普拉馬德斯進行了一項總額為159億歐元（約合162.2億美元）的「友好合併計畫」。這次併購使家樂福從世界零售業排名第6位躍升到第2位，並在當年實現了519億歐元的銷售額，增長高達60.4%，成了唯一一家能夠與居於世界500強之首的沃爾瑪進行抗衡的零售集團。如今的家樂福集團，年銷售額達到1,000億美元，業務遍及全球幾十個國家和地區，並擁有近萬家連鎖店，員工人數達到了20多萬人。自1970年進入巴黎股票市場以來，家樂福已成為法國最大的上市公司，目前市值近400億美元。

1992年，貝爾納接手家樂福後，由於法國本土大型超市在國內受到政府的壓制，再加上最大的競爭對手——沃爾瑪的威脅，迫使家樂福將發展重點投向了國外。貝爾納將家樂福國際化的目標首先選擇在與法國地理、文化、習俗差異較小的比鄰國家，比如歐洲的西班牙、葡萄牙和義大利等，隨後進入了東歐、中美洲和亞洲。到1996年，家樂福就已經在歐、亞、美等14個國家和地區開設了數以百計的分店。家樂福國外分店的銷售額佔國內外全部銷售額的40%，而國外分店創造的利潤則佔全部利潤的60%。

可以說，家樂福是跨國經營的成功典範。儘管家樂福獨特的店長許可權體制，以及應對競爭對手的速度和靈活性，一度被業內人士認為是經營上的一大法寶，但專家卻認為，海外拓展才是使家樂福實現跨越式發展的根本原因。也就是說，家樂福實施了正確的戰略選擇——以海外擴張為特徵的「家樂福模式」。在全球零售業中，家樂福與穩坐第一把交椅的沃爾瑪相比，從帳面上看，兩者的差距雖然很大，但在搶佔國際市場的過程中，家樂福卻始終走在沃爾瑪的前面。比較來看，家樂福與沃爾瑪的成長道路和所在國國情有很大的不同，家樂福成長壯大的過程更艱難。從這一點看，家樂福的生存本領與發展模式將更引入關注。

獨特的理念定位

家樂福的經營理念是「一次性購足，超低售價，貨品新鮮，自動選購，免費停車」。在家樂福，顧客幾乎可以買到小到別針大到冰箱的所有消費品，可以一次性購足一週食品和一個月的日用品。家樂福實行統一的長期低價策略，其商品價格一般都低於正常價格的20%～30%，商品經營利潤率一般不足1%，有時甚至略有虧損。經營生鮮食品是家樂福的又一大特色。為保證貨品新鮮，其所提供的生鮮食品都經過了專門質檢部門的嚴格檢查。為使生鮮食品能以新鮮的狀態賣給顧客，家樂福要求生鮮食品廠商必須使食品從供應到賣出，處於恆溫狀態。

自動購物主要包括顧客自助自選和一站式購物兩項內容。自選購物強調購物環境和購物方式的輕鬆方便，讓顧客在購物過程中能有更大的空間挑選商品，以及更多的時間比較價格；一站式購物主要表現為，顧客在超市的一個樓層內的某一經營區域就能夠買到所需要的全部商品。

與眾不同的行銷手法

1．超大規模

家樂福在開辦第一家大型超市的時候，在規模上就已經開創了法國零售業的先河。家樂福的超大規模主要表現為以下3個方面：一是超市的營業面積大。現在分布在全球的家樂福超市，營業面積達到1萬平方公尺的佔70%多，其中在法國本土的一家，佔地面積更達到了24,000多平方公尺。二是商品的品項齊全。家樂福所售的商品幾乎無所不包：從食品到日用品，從服裝到化妝品，從家用電器到書籍和鮮花。大到冰箱、彩電，小到插座、電線，甚至日用藥品等等一應俱全。三是停車場面積大。家樂福所有的大型超市都配備了大型免費停車場。在所有的超級市場中，只有家樂福每100平方公尺就有20個車位。

超大規模的空間和設施，有利於提高人力資源和設施的使用效率及效果；超大規模的商品銷售可以使超市享受到集中採購的數量折扣，進而降低商品的銷售成本；超大規模的市場還很容易獲得顧客的信任和忠誠。所以說，超大規模的經營方式，很大程度上為家樂福建構長期的競爭優勢提供了可能和空間。

2．戰略聯盟

家樂福在進入一個國家或地區時，為獲得在貨源、人才、政策、資金等方面的支持，並在盡可能短的時間內熟悉當地的市場規則，往往都會選擇與當地有經驗、有實力的零售商結成戰略合作夥伴。例如，在義大利與Gruppo Gsspa聯手，一躍成為義大利的頭號食品商、第二大零售商；在希臘與Marinopoulos公司結成夥伴關係，進而奪得希臘零售業的冠軍稱號；在臺灣與統一企業合資開辦了家樂福臺北店和高雄店，統一企業的臺灣地區第一大食品廠商的名號使家樂福獲益匪淺。

3．本土化管理

在海外發展過程中，對一個企業來說，克服文化上的困難要遠比克服技術和資金上的困難得多，而家樂福特別注重本土化策略的實施。從貨源的組織到員工的招募，再到店面的設計，都實行本土化。在選購商品時，商品結構會因不同國家或地區的消費習慣和消費心理做出調整。在人才使用和開發上，家樂福也主張實現員工本土化，因為當地的員工更加瞭解本地的文化、習慣、風俗。從高級管理人員到一般的員工都要從當地招募，這樣就能使公司的經營理念更快地融入到經營中去。

4・一攬子服務

在消費者購物過程中，家樂福除了提供商品銷售的一切服務外，還提供餐廳、理髮店、遊戲場等其他服務。同時備有臨時托兒所，沖洗膠捲，提供銀行業務等服務。可以說，家樂福在某種意義上已經成為一個集購物、娛樂、餐飲於一體的綜合商業中心。

企業的市場價值越大，企業的核心競爭力也就越強。老字號家樂福能在零售業激烈的競爭中獲得明顯的競爭優勢，並能在四十多年裡保持其獨特的競爭能力，確實是同行學習的榜樣。可以說，家樂福的經營模式就像一臺性能優越的發動機，企業會越跑越快。

專家點評：

湯姆．彼得斯說過：「在日益擁擠的市場上，應該想盡辦法在消費者心目中創造持久的價值。」這種持久的價值就是品牌價值。品牌價值主要由物質價值、情感價值和精神價值構成。知識經濟主導的現代社會，高智商、知識發達的時代背景，造就了高情商、情感豐富的消費者。這就給品牌的建設和持久提出了更高的要求。品牌的精神價值是品牌建設的最高階段，也是度量品牌生命力的重要標準。一個品牌只有具備了其獨特的精神，才具備了與消費者進行溝通互動的基礎，才能在這種溝通互動中贏得消費者的忠誠！

結語篇

綜觀老字號，它們都歷史悠久，擁有世代傳承的產品、技藝或服務的烙印，它們擁有傳統文化的背景和深厚的文化底蘊，取得了社會的廣泛認同，形成了良好的品牌信譽。這是它們在歲月的歷練裡脫胎而出的金色招牌，而如何將這樣的光華延續下去，是本書致力探討的關鍵。

老字號如何「老當益壯」，是世界老字號們必須關注的問題，也是新興企業們需要借鏡和參考的經驗。本書從企業發展的自身規律出發，較為全面和系統地探討了老字號的興衰歷程，和其背後發人深省的原因。有成功的經驗，也有失敗的教訓，更多的是我們從中獲得的啟迪和認知。透過眾多老字號的案例，我們不難看出：

首先，市場經濟優勝劣汰的規律，對誰都是無情的，無論多麼知名和輝煌的「老字號」企業，不改革、不創新，就只能走向隕落。而「老字號」企業，必須在保持特色、秉承傳統文化和歷史的基礎上，進行變革創新，保證品質，保持高品味，建立和完善現代企業制度，引進先進管理理念、管理機制和管理方法；利用品牌價值，拓寬產品和服務領域；發展連鎖經營等現代行銷方式，使「老字號」在創新中不斷發展。適應市場，並進行變革。傳承和創新兩手都要抓，兩手都要硬。

其次，具有民族傳統意義的企業，必須建立充滿活力的現代企業制度，必須結合自己的民族特點、特色進行變革。只有善於挖掘「老字號」企業的深刻文化內涵，才能佔領市場。民族的才是世界的，如果老字號失去了民族文化特色，也不開拓世界市場，不積極融入現代生活中，就會失去世界的認可。

其三，在具備了品牌價值基礎並確立了市場目標的條件下，企業應該怎樣擴大自身的品牌影響力，則是一個關鍵性問題。要擴大影響，首先就必須做好品牌的傳播工作，實施詳盡而有效的傳播策略，做好品牌的推廣。

總之，我們必須汲取老字號企業發展的教訓，從中得到一些啟示。在品牌經濟時代，老字號必須從顧客視角審時度勢，面對來自現代生活方式的挑戰，給人們帶來全新的產品體驗和銷售服務：老字號應該用時尚、現代的觀念，包裝具有深厚文化底蘊的產品，讓自己保有永遠的年輕和活力，也贏得主流消費者不斷變化的審美趣味的喜愛；用先進的市場行銷、管理思想，改變自己守舊的經營方式，以不斷創新，來面對現代品牌的挑戰；擺脫缺少技術創新的狀況，用現代科技來改造落後的產品工藝、提高產品更新換代的速率和市場生命週期。

「老字號」不「老」，是我們的期望，也是企業奮鬥的目標。

謹以此書，為世界老字號和其他新生企業提供一些有益的參照與借鏡。

國家圖書館出版品預行編目資料

世界老字號的不朽傳奇／張中孚編著
－－第一版－－ 台北市：字阿文化出版；
紅螞蟻圖書發行，2009.09
面　　公分－－(知識精英；38)
ISBN 978-957-659-735-0(平裝)

1.企業管理

494　　98014121

知識精英 38

世界老字號的不朽傳奇

編　　著／張中孚
美術構成／Chris' Office
校　　對／鍾佳穎、楊安妮、周英嬌
發 行 人／賴秀珍
榮譽總監／張錦基
總 編 輯／何南輝
出　　版／字阿文化出版有限公司
發　　行／紅螞蟻圖書有限公司
地　　址／台北市內湖區舊宗路二段121巷28號4F
網　　站／www.e-redant.com
郵撥帳號／1604621-1　紅螞蟻圖書有限公司
電　　話／(02)2795-3656（代表號）
傳　　眞／(02)2795-4100
登 記 證／局版北市業字第1446號
數位閱聽／www.onlinebook.com
港澳總經銷／和平圖書有限公司
地　　址／香港柴灣嘉業街12號百樂門大廈17F
電　　話／(852)2804-6687
新馬總經銷／諾文文化事業私人有限公司
新 加 坡／TEL:(65)6462-6141　FAX:(65)6469-4043
馬來西亞／TEL:(603)9179-6333　FAX:(603)9179-6060
法律顧問／許晏賓律師
印 刷 廠／鴻運彩色印刷有限公司
出版日期／2009年 9 月　第一版第一刷

定價 250 元　港幣 83 元

ISBN 978-957-659-735-0　　Printed in Taiwan